U0866038

农业劳动者的
健康、安全与环境

工会教育系列手册

HEALTH, SAFETY AND ENVIRONMENT

A Series of Trade Union Education Manuals for Agricultural Workers

Peter Hurst
【英】彼得 · 赫斯特
著
Peter Kirby
【英】彼得 · 柯比
张敏 主译

中国工人出版社

图书在版编目（CIP）数据

农业劳动者的健康、安全与环境：工会教育系列手册 /（英）彼得·赫斯特，（英）彼得·柯比著；张敏主译. -- 北京：中国工人出版社，2025. 6. -- ISBN 978-7-5008-8315-9

Ⅰ. F304.6

中国国家版本馆CIP数据核字第20251Z6Q41号

著作权合同登记号：图字01-2023-4977

这部作品的原版由日内瓦国际劳工局出版，书名为Health, safety and environment: A series of trade union education manuals for agricultural workers。

农业劳动者的健康、安全与环境：工会教育系列手册

出 版 人	董　宽
责任编辑	陈培城
责任校对	张　彦
责任印制	黄　丽
出版发行	中国工人出版社
地　　址	北京市东城区鼓楼外大街45号　邮编：100120
网　　址	http: //www.wp-china.com
电　　话	（010）62005043（总编室）
	（010）62005039（印制管理中心）
	（010）62379038（社科文艺分社）
发行热线	（010）82029051　62383056
经　　销	各地书店
印　　刷	三河市国英印务有限公司
开　　本	889毫米 × 1194毫米　1/16
印　　张	22.5
字　　数	393千字
版　　次	2025年8月第1版　2025年8月第1次印刷
定　　价	108.00元

本书如有破损、缺页、装订错误，请与本社印制管理中心联系更换

翻译人员名单

主　译

张　敏　北京协和医学院

翻译组成员

（按姓氏拼音排序）

贺楚宁　北京协和医学院

王　也　北京协和医学院

张炳霞　国际劳工组织都灵培训中心

国际劳工组织－劳动者活动局

作为国际劳工局与劳动者之间的主要联系，劳动者活动局（Bureau for Workers' Activities，ACTRAV）负责协调国际劳工局在总部及各区与劳动者及其组织有关的所有活动。

国际劳工组织（International Labour Organization，ILO）的执行秘书处是国际劳工局，国际劳工组织是唯一的联合国三方机构。在该组织中，各国政府以及用人单位和劳动者的代表享有平等的权利。

使命

ACTRAV 的使命是与世界各国的工会运动保持密切联系，为世界各国的工会运动提供来自国际劳工局的支持，努力加强工会运动，加强其在维护和促进劳动者利益与权利方面的活动及影响力。ACTRAV：

- 是国际劳工局与其关键组成部分之一—— 劳动者之间的联系。
- 确保其工会的关切被纳入国际劳工局的所有活动中。
- 使工会组织能够充分利用国际劳工局的全部能力。
- 使国际劳工局能够依靠工会的支持来促进和实现其目标。

目标

社会公正、工作中的基本权利、维护和扩大社会保护、充分就业和平等是国际劳工组织的首要目标，并被概括为“体面工作”的概念。为促进这些目标的实现，ACTRAV 支持广泛领域中的工会活动：

- 促进工作中的基本权利和原则；

- 集体谈判和社会对话；
- 打击剥削童工现象；
- 改善劳动者的工作条件和环境；
- 消除失业和未充分就业；
- 开展劳动者教育和培训，特别是通过都灵的国际劳工组织培训中心。

团队

ACTRAV 不仅是一个官方部门，它更愿意把自己看成是一个由代表世界各个地区的、在国际工会团结工作方面经验丰富的工会成员组成的团队。来自国际劳工局日内瓦总部及其地方部门的该领域专家和多学科团队一起工作，在此工作中他们贡献了“工会敏感性”。

ACTRAV 团队：

- 准备案卷，帮助劳动者代表为国际劳工组织大会、理事会、区域和部门会议以及劳工局的各种活动整理论据。
- 协助劳动者代表参加这些活动。
- 在国际劳工组织其他部门和行业部门开展的所有启动活动和活动中引入工会元素。
- 追踪和分析国家、地区、工业和国际工会运动领域的演变情况。
- 利用其资源和专长，为加强和发展劳动者组织的事业服务。

行动

ACTRAV 的工作理念，包括在此领域的活跃存在、培训或信息研讨会、合作项目、简报、研究和出版物，是一种为促进劳动者的基本权利、社会正义的价值观和平等概念而积极设计的动态行动。ACTRAV 正在加强其以下活动：

- 开展国际运动，促进国际劳工组织公约的批准；
- 组织座谈会和研讨会，讨论劳动者感兴趣的主题和热门话题；
- 向国际劳工组织成员国政府陈述，以确保其重视并履行其承诺；
- 此领域的项目实施、技术合作及援助；
- 培训工会领导人；

- 开展有关劳工议题的具体项目。

信息来源

由于 ACTRAV 与世界各地的工会组织建立了密切的联系，且存在于此领域的各个区域，以及它的培训活动，ACTRAV 处于一个庞大的工会运动信息网络的中心。这些信息通过媒体、大学和非政府组织为国际劳工局及其成员与广大公众提供服务，这些信息的主要载体是：

- 《劳动者教育》（Worker Education），这是一本季评，以三种语言（英语、西班牙语和法语）出版，致力于分析和推动研究。它提炼了工作世界最优秀的专家的意见，并讨论了将成为未来热点议题的主题。
- ACTRAV 的网页（www.ilo.org/public/french/dialogue/actrav/index.htm）提供了大量有关国际劳工局活动的信息，目标人群为劳动者。
- 《工作中的人权》（Human Rights at Work），这是一个关于 ACTRAV 活动的月度线上公告。
- 《ACTRAV 信息》（ACTRAV Info），这是一个定期公报，发布国际劳工局采取的影响劳动者的立场以及组织内各种论坛中的劳动者小组所持的立场。
- 各种出版物、手册、小册子和实用指南，内容涵盖劳动者感兴趣的广泛议题。

联系方式

E-mail：actrav@ilo.org

网页：www.ilo.org/public/french/dialogue/actrav/index.htm

电话：++41-22-799.70.21

传真：++41-22-799.65.70

无论是汤加的工业事故的现状，还是拉丁美洲的工会成员被逮捕，抑或是非洲工会为抗击 HIV / AIDS 而采取的行动，ACTRAV 都能让您与最了解该问题并能完善您的信息的人取得联系。ACTRAV 的网络遍布全球：

- 国际劳工组织认可的主要国际工会联合会；
- 主要的国际工业工会联合会（建筑、服务、电力、金属加工、运输、食品、农业等）；

- 500多个国家工会组织；
- 通过ACTRAV，国际劳工局的其他部门和专业处室；
- 该领域的ILO和ACTRAV代表；
- 多学科咨询团队；
- 在劳动者教育活动中发挥着关键作用的ILO都灵培训中心。

国际食品、农业、酒店、餐厅、餐饮、烟草和劳动者联盟协会

国际食品、农业、酒店、餐厅、餐饮、烟草和劳动者联盟协会（The International Union of Food, Agricultural, Hotel, Restaurant, Catering, Tobacco and Allied Workers' Associations, IUF）是一个国际（劳动者）工会联盟，代表：农业；食品和饮料加工和制造业；酒店、餐厅、旅游和餐饮服务业，以及烟草加工业的劳动者。随着国家工会的加盟，IUF代表了120个国家的1200多万名劳动者，在整个全球食物链或“从耕地到餐桌”（plough to plate）的过程中组织了劳动者。

IUF秘书处位于瑞士日内瓦，在比利时布鲁塞尔（欧洲）、乌拉圭蒙得维的亚（拉丁美洲）、巴巴多斯（加勒比）、肯尼亚内罗毕（非洲）和澳大利亚悉尼（亚洲/太平洋）设有区域办事处。

IUF是为其附属工会运作的，也是由其附属工会运作的。每个成员工会都能够派代表参加每五年举行一次的IUF大会。大会制定政策，并为IUF的工作制定指南。大会选举执行委员会成员、主席、八位副主席和秘书长，通过IUF规则的所有修改，并批准新的附属机构。

IUF在非洲、拉丁美洲、加勒比地区、亚洲/太平洋地区、欧洲和北美洲设有区域组织，他们在与IUF密切合作的同时开展独立活动。他们定期举行会议，选举区域秘书和区域委员会，负责区域内的活动，向IUF秘书长报告。

序　言

我非常高兴向读者介绍国际劳工组织出版的《农业劳动者的健康、安全与环境：工会教育系列手册》的中文版。职业安全与健康是全球共同面对的重要课题，在农业等高风险行业尤其突出。农事劳动常常发生在露天环境下，劳动时间长、强度大，容易接触各类生物性、化学性和物理性有害因素，给劳动者的健康带来持续挑战。根据国际劳工组织的估算，全球每年约有17万名农业工人死于与工作相关的事故，死亡率是其他行业平均水平的两倍，考虑到农村地区的一些事故可能没有被登记统计在内，实际数字可能更为严峻。尽管如此，农业领域的职业安全与健康问题在很多国家仍未得到应有的重视和投入。

在中国，农业始终是国家经济社会发展的基础领域。2024年，全国乡村人口达到4.64亿，全国第一产业就业人员达1.62亿，占三次产业就业总人数的22.19%。随着工业化和城市化进程的推进，越来越多的青壮年劳动力向城市流动，留在乡村从事农业劳动的多为妇女和老年人。数量日益减少且日趋老龄化的农民和农村劳动者，必须支撑起中国的农业生产，养活14亿人口，这是事关国家粮食安全的重要问题。农村劳动者的健康和素质至关重要。然而，由于他们通常受教育程度较低、获取信息的渠道有限，往往缺乏足够的职业安全与健康知识和防护资源。因此，为他们提供贴近生产生活实际、通俗易懂且便于应用的劳动保护教育资源，尤为必要，也具有重要的现实意义。

中国的“乡村振兴战略”“健康中国战略”“共同富裕目标”对加强农业领域的职业安全与健康提出了更高要求。只有让农业劳动更安全、更有尊严，才能更好地在乡村地区创造更多的体面劳动，真正实现乡村的可持续发展。

本手册旨在为一线工作者和服务提供者提供实用、易用的培训方法与知识工具。虽然该手册源自工会教育需求，但其内容同样适用于广大职业健康实践者，包括疾控机构人员、基层医务工作者、安全管理人员及农村地区的健康服务者等。我们希望，这本书能成为广大一线工作者提升知识与行动能力的可靠工具。

2021 年，国际劳工组织与北京协和医学院合作，支持张敏教授的团队在贵州省毕节市大方县开展了农业职业健康试点培训，并于两年后回访评估项目效果，亲眼见证了农民健康行为与工作场所环境的积极改善。张敏教授多年来始终致力于将国际职业健康理念本土化，并通过专业团队的扎实工作推动其在基层落地生根。她的专业性、敬业精神和为社会服务的赤子情怀令我印象深刻，我谨在此对她和团队表示由衷感谢。

这本手册也体现了国际劳工组织《农业中的安全与卫生公约》（第 184 号，2001 年）所倡导的核心精神，强调农业劳动者的生命健康权利。我们坚信，普及基本职业健康服务、提升广大劳动者的健康素养，是建设可持续、包容性社会，实现乡村振兴的重要基础。

国际劳工组织将继续与中国有关各方通力合作，共同探索适合中国国情的基本职业健康服务路径，推动更多农村劳动者享有安全健康的工作生活。

李昌徽

国际劳工组织中国和蒙古局局长
2025 年 5 月

译者前言

根据国际劳工组织2023年的最新估计，每年有近300万名劳动者死于工伤事故或职业病；农业、建筑业、林业、渔业和制造业是最危险的行业，每年造成20万起导致死亡的工伤事故，占所有导致死亡工伤事故的60%以上；全球每三起导致死亡的工伤事故中，就有一起发生在农业劳动者身上，这些高发的死亡、事故和健康问题对农业生产力产生了相当大的负面影响。

值得注意的是，农业工作场所的问题不仅限于劳动者本身，还对公共卫生、食品质量安全和总体环境有着重大影响，例如，种植园中无管制的农药使用会影响附近土壤和水的质量以及食品安全；砍伐森林、畜牧业生产、土壤和养分管理所致的人为温室气体排放占全球排放总量的21%，推动了气候变化。

为了推动解决这些问题，2004年，国际劳工组织和国际食品、农业、酒店、餐厅、餐饮、烟草和劳动者联盟协会（IUF）进行合作，围绕工会发挥作用，联合开发了工会教育系列手册，旨在帮助农业工会附属机构通过培训项目解决健康、安全和环境问题。我们认识到该手册的重要意义与实用价值，主动申请了该手册的中文翻译授权，希望通过该书的中译本将农业职业健康保护的理论和实践推广到中国以及全球其他华语使用地区，惠及广大劳动者。根据国际劳工组织出版部门答复，在遵守本指南出版协议、有关知识产权和标识等规定前提下，该出版物可以翻译用于非商业目的。

本书为农业劳动者的教育工作者编写，全面介绍了如何准备、计划、组织和评估课程。本书不仅教会教育工作者如何使用本资料，还提供了丰富的农业职业健康相关知识。具体而言，本书可向农业劳动者及其代表提供不可或缺的信息；帮助劳动者及其代表解决农业生产中的健康、安全和环境实际问题；帮助工会建立应对相应问题的组织能力；促进批准国际劳工组织《农业中的安全与卫生公约》（第184号，2001年）等。

本书所开展培训的核心受众是获取薪酬的农业劳动者，也适用于小农和其他类别的农业劳动者群体。本书对于那些致力于农业领域健康、安全与环境议题的公益性非政府组织，也提供了宝贵的参考资源。

多年来，我带领的研究团队一直致力于推动中国农业职业健康工作。首先，我们于2015年翻译、出版并推广由国际劳工组织和国际工效学学会联合开发的《农业工效学检查要点》技术手册。该手册涵盖了农业劳动中的多个关键领域，包括物料存储与处理、工具与机械安全、物理化学生物知识、环境保护、福利设施以及工作组织等。其次，为了便于更广泛地传播与应用，我们将这些检查要点精心制作成推文，从2021年10月起在“职业健康 协和同行”微信公众号发表，连续102期、每期一个要点，为广大同行和劳动者提供了指尖上的参考资料。再次，经过国际劳工组织与中国农工民主党、北京协和医学院合作，在贵州省毕节市乡村振兴重点地区大方县开展农业职业健康试点工作。2021年9月26日，我们在大方县举办了第一期农业职业健康培训，以“追求农业职业健康，助力乡村振兴战略”为主题，吸引大方县凤山乡近50名农业劳动者和政府管理人员积极参与。培训活动以《农业工效学检查要点》为教材，采用互动式教学方法，强调行动导向和小组合作，辅以现场教学，带领学员们从职业健康角度考察养牛场、种植园、煤矿等工作场所，并根据教材提出切实可行的改进建议。2023年4月，我们重返大方县，通过问卷调查和深入访谈，对培训效果进行了回访评估。我们惊喜地发现，在过去两年中，劳动者和相关企业单位以简单、经济、高效的方法，实现了工作场所及个人生活习惯上的积极转变。这不仅说明参与式培训的有效性，也展示了我们工作的影响力。最后，近几年来，我们利用代表中国参加了国际农业医学与健康协会2023年大会、世界卫生组织2023年职业健康系列会议、国际职业健康委员会2024年大会和国际工效学学会2024年大会等国际活动机会，在会上作报告，与国际同行交流，向世界展示中国及本团队在农业职业健康领域的工作进展成效。

随着本书的出版，我国农业职业健康领域的知识资源将进一步得到充实。通过引入国际先进理念和实践，我国的农业及卫生行政部门、职业卫生服务提供者、工会、劳动者和用人单位等利益相关方能够获得全方位借鉴。我们期待，通过多方共同努力，能够为农业劳动者创造一个更加安全、健康的工作环境，最终实现全民健康的目标。受译者英文、中文语言和学术水平的限制，译稿难免会出现错漏，恳请读者批评指正。

张敏　医学博士 / 教授

中国医学科学院北京协和医学院，群医学及公共卫生学院

2024 年 10 月

原著前言

Ron Oswald，IUF 秘书长

国际食品、农业、酒店、餐厅、餐饮、烟草和劳动者联盟协会（IUF）是一个国际工会联盟，由来自 120 个国家的、代表 1200 多万名劳动者的 336 个工会组成。IUF 将全球食物链中的劳动者组织起来，代表了一种“从耕地到餐桌”（plough to plate）的食物生产方式，IUF 的附属工会代表并组织了从事以下工作的获薪劳动者：

- 农业生产和初级加工；
- 食品加工业；
- 酒店、餐馆和餐饮业。

IUF 承诺“积极促进世界食物资源的组织工作，为全人类的共同利益服务”。IUF 的规则规定了 IUF 政策的基本原则，其中包括承诺确保为所有人提供足够的、安全的、可负担的食物。

然而，IUF 坚信，从社会、经济或环境的视角看，世界上许多食品的生产方式，从长远来看，都是“不可持续的”，在健康、安全和环境方面尤其如此。从事农业工作的人所从事的行业，从人的生命损失、伤害和不良健康状况来看，是不可持续的。2002 年，据 ILO 估算，每年有 35.5 万起死亡事故发生。ILO 既往的估算表明，这些死亡事故中有一半以上发生在农业领域。在每年 2.7 亿名受伤的劳动者和 1.6 亿名因工患病的劳动者中，农业劳动者也遭受了不成比例的伤害。

此外，死亡、事故和健康问题的高发对农业生产力产生了相当大的负面影响。IUF 认识到，安全、健康和具有环保意识的劳动力是盈利和可持续发展的农业产业的基本要素。

对于 IUF 来说，必须在促进农业和农村可持续发展（Sustainable Agriculture and Rural Development，SARD）的具体情况下看待改善健康、安全与环境（Health, Safety and Environmental，HSE）标准的工作。农业工作场所必须是可持续的，既要保护在那里工作的劳动者，又要减少生产对公共卫生、食品质量和总体环境的负面影响，这对于赢得公众和政界对工会在 HSE 方面工作的广泛支持非常重要。

工会及其成员在促进其产业并确保其长期盈利能力和可持续性方面有着既定利益。为确保农业产业的长期发展，IUF 及其附属工会希望看到集体谈判协议扩展到涵盖促进可持续农业，包括关于工作场所 HSE 议题的条款。

IUF 已开发了这一系列手册，以帮助工会附属机构通过其培训项目解决健康、安全和环境问题。

致　谢

国际食品、农业、酒店、餐厅、餐饮、烟草和劳动者联盟协会（IUF）感谢：

国际劳工组织（ILO）为编写这些手册所提供的经济支持。特别感谢国际劳工组织劳动者活动局的协助，尤其是 Beth Goodson 和 Luc Demaret 的协助。

国际劳工局容许改良摘录，并在手册 1 中使用 ILO 光盘《您工作中的健康和安全——讲师指南》（Your Health and Safety at Work—Instructor' s Guide）中的图表。

Yahya Msangi，坦桑尼亚种植园和农业劳动者工会（TPAWU——坦桑尼亚）；Andrew Tagoe 和 Samuel Brewu，工会大会的农业劳动者联合部（GAWU-TUC——加纳）；Omara Amuko，全国种植园和农业劳动者联合会（NUPAW——乌干达）；Christopher Musambwa，全国合作运动和联合劳动者工会（NUCMAW——乌干达）；Hella Alikuru，IUF 非洲区域办事处区域引导者；Sue Longley，IUF 农业劳动者贸易组织引导者；瑞典 SLF 的 Sven-Erik Pettersson 和 Ingemar Gidenstam；以及丹麦 SID 的 Jesper Lund Larsen，他们都对本手册的各种草案作出了贡献并提出改进意见。

在坦桑尼亚、乌干达、加纳和马拉维参加了许多试点课程的工会参与者，他们使用手册草案中的活动和资源开展工作，并对这些活动和资源提出了改进意见。

农药手册的作者——Peter Hurst、Alastair Hay 和 Nigel Dudley——感谢他们容许在手册 5 中使用关于农药手册的材料。

IUF 的 HSE 引导者 Peter Hurst 和国际劳工与社会工会健康与安全教育家 Peter Kirby，他们代表 IUF 和 ILO 编写了这些手册。

目　录

引 言

关于健康、安全和环境（Health，Safety and Environment，HSE）系列手册

IUF 开发了一系列手册，以帮助代表农业劳动者的工会附属机构通过其培训项目解决健康、安全和环境问题。

手册的目标

这些手册旨在帮助工会教育者：

- 解决劳动者及其代表关心的 HSE 关键问题；
- 向劳动者及其代表提供有关 HSE 的不可或缺的信息；
- 帮助劳动者及其代表解决 HSE 议题；
- 与工会一起策划和开展教育活动；
- 帮助工会建立 HSE 方面的组织能力；
- 促进批准 ILO《农业中的安全与卫生公约》（第 184 号，2001 年）。

系列手册

该系列手册包括：

- 手册 1：教育者指南；
- 手册 2：“基层”成员的健康、安全和环境；
- 手册 3：HSE 劳动者代表的健康、安全和环境；
- 手册 4：健康、安全和环境资料卡；

- 手册5：农药与健康、安全和环境；
- 手册6：如何批准和使用ILO《农业中的安全与卫生公约》（第184号，2001年）。

第1页至第5页的目录显示了所涵盖的不同主题，教育者和参与者应选择其优先事项。关于所有手册中使用的通用格式的解释，请查看手册1。

其他资源和信息

这些手册包含了基本的资源和材料，但是：

- 应鼓励参加研讨会的人员从其工作场所和工会处带来相关文件。
- 教育者应确保提供其他不可或缺的资源，例如，他们自己国家的HSE法律；IUF提供的HSE资源；ILO《农业中的安全与卫生公约》（第184号，2001年）。
- 参与者和教育者将为每一项教育活动贡献其丰富的想法与经验。

这些手册为谁而作

我们希望这些手册应用尽用，不过，它们主要针对的是处于某种形式的薪酬/就业关系中的劳动者。

工会教育者能够将这些手册用于：

- 由工会成员和劳动者组成的基层团体的研究会；
- HSE劳动者代表（见第6页的定义）；
- 分会/地区/国家的工会官员；
- 全职和兼职的工会官员；
- HSE议题的工会政策制定者；
- 与非政府组织和其他机构就共同关心的议题进行联合培训。

虽然这些手册主要针对获薪酬的农业劳动者，但也可用于：

- 以工资为生的小农和其他类别的农业劳动人口；
- 致力于农业领域HSE相关议题的公益性非政府组织（non-governmental organizations，NGOs）。

对农业的工作定义

术语“农业”涵盖在农业经营活动中进行的农业和林业活动，包括农作物生产、林业活动、畜牧业和昆虫饲养，经营者或其代理人对农畜产品进行的初级加工，以及机械、设备、器具、工具及农业设施的使用和维护； 还包括农业生产中的同农业生产直接有关的任何加工、储存、操作或运输。

全球食物链和农业劳动者

据估计，全球农业劳动力超过 11 亿人，是世界上最多的劳动力。其中 4.5 亿人（超过 40%）是获薪性质的农业劳动者，其人数在世界各地区都在增长。平均而言，20% ~ 30% 的获薪劳动者是女性（拉丁美洲和加勒比地区为 40%）。不幸的是，童工也在农业中被广泛使用。

获薪性质的农业劳动者是指在农田、果园、温室、牲畜养殖场和生产世界粮食与纤维的初级加工设施中劳动的女性和男性，从小型和中型农场，到大型工业化农场和种植园，他们在这里就业，什么事都做。他们是获薪酬的劳动者，因为他们不拥有或租用其工作的土地和使用的工具与设备，所以他们是一个不同于农民的群体。

这些劳动者包括： 长期的农业劳动者； 暂时的农业劳动者； 季节性 / 临时性农业劳动者； 农民工、计件劳动者； 或者得到某种形式的“实物”报酬的劳动者，还有许多本土的农业劳动者也是就业劳动力的一部分。农业劳动者为了某种形式的“工资”而工作，其中能够包括就业关系中的实物支付，无论是与农民、农业或种植园公司，还是与农业承包商。

然而，以工资为生的小农经常构成获薪劳动力的一部分，每年定期在农场从事季节性工作，以补充其赖以生存的农业收入。此外，随着越来越多的小型家庭农场被依赖获薪劳动力的大型农业企业收购或接管，以工资为生的小农的数量也在增加。

获薪的农业劳动者和以工资为生的小农构成了农村贫困人口的核心，他们的贫穷会造成饮食不佳和营养不良问题，增加与工作有关的不良健康状况的风险。

农业就业性质的变化

世界范围内，工作灵活性的趋势，以及降低劳动力和生产成本的压力正在改变世界许多地区农业就业的性质。这类劳动者享有的，在工资水平、就业保障、健康、安全和环境标准等方面本已很低的保护水平，正在受到全球贸易、经济压力和私有化的侵蚀。

长期雇佣合同工越来越多地被工资较低且健康、安全和社会保障较差的短期的按天的合同工和季节性临时合同工所取代。由于用人单位越来越依赖劳务承包商和/或分包商，劳资关系遭到进一步破坏，造成了用人单位责任的不确定性，并导致对劳工立法和体面工作的忽视。

一个最尖锐的问题是移民（流动）合同工。农业劳动力已经以大量的移民劳动者为基础，无论他们是来自同个国家的不同地区，还是从国外雇佣来的。

艾滋病病毒/艾滋病正对农业劳动者和小农产生重大不利影响，给社区和国家造成重大健康负担，造成许多地区劳动力短缺。特别是在撒哈拉以南非洲，艾滋病病毒/艾滋病造成的另一个后果是有许多家庭以儿童为户主。不幸的是，这些儿童中有许多人被迫成为农业劳动者，经常从事危险工作。

HSE 在农业中的重要性：农业中的体面工作

在发达国家和发展中国家，农业部门雇佣了超过全球四分之一的劳动力，是三个最危险的活动部门之一（与采矿业和建筑业并列）。

根据 ILO 的信息：

- 全世界每年都有大量的农业劳动者和农民死亡。2002 年，据 ILO 估算，每年有 35.5 万起死亡事故发生。ILO 以前的估算表明，这些死亡事故中有一半以上发生在农业领域。
- 在过去十年中，其他部门的死亡事故率有所下降，而与其他部门相比，农业部门的死亡率则一直居高不下。
- 数以百万计的农业从业人员在工作场所发生的农业机械事故中受到严重伤害，或被农药和其他农用化学物质所毒害。

- 有数百万农业劳动者因其工作而遭受健康问题。
- 由于农业领域的死亡、伤害和职业病的报告普遍不足，获薪的农业劳动者的职业健康和安全的真实情况可能比官方统计数字更糟糕。

此外，农业工作场所还对以下方面有重大影响：

- 公共卫生和食品质量或安全；
- 总体环境，例如，土壤质量（发生土壤侵蚀的可能性）、水质（通常在离农场或种植园几公里远的地方）、空气污染（包括气味）、跨界污染、噪声、导致气候变化的可能性，以及臭氧层的破坏。

虽然农业劳动人口中的许多类别都处于风险之中，但最脆弱的类别之一是获薪的农业劳动者，他们通常对自己的工作条件几乎没有掌控度。此外，在许多国家，他们是一个被排除在平等参与 HSE 政策和决策之外的类别。国家法律通常不包括选择或选举 HSE 劳动者代表的权利。即使在法律容许 HSE 劳动者代表的地方，他们也常常因为缺乏培训、信息和技术的支持而无法发挥作用。

世界各国的情况差别很大。但是，在大多数国家，国家立法、工伤津贴或保险计划只涵盖某些类别的农业劳动者，因此，大量农业劳动者被剥夺了所有形式的社会保护。

即使有国家法规，也不经常予以实施。由于劳动监察不足，有效的执法情况很差。在预防职业有害因素方面缺乏理解和培训，农业劳动者的组织程度也很低。在 2001 年 6 月之前（见 ILO 第 184 号公约），农业劳动者不受任何全面处理其健康和安全问题的国际标准的强制约束。

为了保障新千年的农业可持续发展，农业劳动者及其家庭成员应享有体面的工作和生活条件、健康和福利。农业增长与环境保护之间的平衡，对未来世界粮食生产及其可持续发展也至关重要。农业的职业健康必须被纳入农村发展政策，该政策应有明确定义的战略，将重点置于预防和环境保护上。

HSE 劳动者代表

这些手册为培训 HSE 劳动者代表提供了教育材料和技术。需要明确“HSE 劳动者代表”一词，它能够指代以下不同类型的代表：

- 作为工作场所中工会一般职责的一部分，承担 HSE 工作的劳动者代表。根据国家健康和安全法律，他们没有任何权利，尽管他们可以作为集体谈判协议的一部分来开展 HSE 工作。这些代表是工会成员，并由该工作场所的其他工会成员选出。
- 根据国家健康和安全法律，有权在工作场所履行特定的 HSE 职责的劳动者健康和安全代表（简称安全代表）。按照健康和安全法的规定，这些有法律权利的代表通常由其工作同事选举产生。尽管这些劳动者代表不会自动成为工会成员，但他们事实上通常都是工会成员，因为工会是工作场所中唯一可信的、有组织的代表劳动者的机构。
- 参加劳动者管理的工作场所健康和安全联合委员会（简称安全委员会）的劳动者代表。这些委员会可以根据国家健康和安全法律依法成立，也可以根据集体谈判协议开展工作。这类劳动者代表，通常由其工作的同事根据健康和安全法或集体谈判协议的规定选举产生。尽管这些劳动者代表不会自动成为工会成员，但他们事实上通常都是工会成员，因为工会是工作场所中唯一可信的、有组织的代表劳动者的机构。

总而言之，在这些手册中，将用“HSE 劳动者代表”一词来涵盖上述所有类别。IUF 坚信，任何劳动者代表，都应该是由其工作场所的工会成员选举或推选产生的工会代表。

ILO《农业中的安全与卫生公约》（第 184 号，2001 年）

对世界上的农业劳动者来说，2001 年 6 月 21 日是历史性的一天，ILO 通过了新的《农业中的安全与卫生公约》（第 184 号，2001 年）及其配套的第 192 号建议书。国际法第一次保障获薪农业工作的劳动者，无论是长期的、临时的、季节性的、移民或本地的劳动者，都享有与其他类别劳动者相同的权利和保护水平。

IUF 认为，各国政府通过、批准和执行此公约是可持续农业的关键要素与措施之一，手册 6 旨在帮助工会和民间社会组织开展运动，促进此公约的迅速批准和实施。

IUF 和 HSE/ 全球农药项目（Global Pesticides Project，GPP）

许多 IUF 附属工会 / 国家工会制定了政策、项目和活动，旨在预防职业性死亡、事故和健康问题，以及工作场所对公共卫生和环境的负面影响。此外，通过大会决议，IUF 附属机构授权 IUF 利用其国际网络 / 组织，采取全球性的方法来提高 HSE 标准。

1998 年，IUF 启动了 GPP，以解决大量使用和接触农药所造成的死亡、中毒、健康问题和污染问题，其目标是建设国家、区域联盟和 IUF 在可持续农业的背景下就地方、国家、区域与国际农药议题开展工作的能力，并与统筹虫害管理相结合，GPP 现在已经发展成为一个综合的 HSE/GPP 项目。

目标群体包括基层工会成员、HSE 劳动者代表、工会分支官员、工会委员会成员、国家工会领导人和官员、农药政策制定者以及环境 / 消费者组织。

有以下非洲工会参与 HSE/GPP 项目的第一阶段：

- 加纳农业劳动者联合部（GAWU）；
- 马拉维的三个工会—马拉维烟草租户和联合工会劳动者（TOTAWUM）；马拉维种植园和农业劳动者工会（PAWUM）；以及马拉维糖业种植园和联合劳动者工会（SPAWUM）；
- 坦桑尼亚种植园和农业劳动者工会（TPAWU）；
- 乌干达全国合作运动和联合劳动者工会（NUCMW）；
- 乌干达全国种植园和农业劳动者联合会（NUPAW）。

此外，肯尼亚种植园和农业劳动者工会（KPAWU）以及南非农业、种植园和联合劳动者工会（SAAPAWU）也与 HSE/GPP 项目密切相关。

在国家层面，主要活动是扩大工会教育研究圈（Education Study Circles，ESC），提供关于农药 HSE 议题的培训，最初，GPP 专注于培训当地教育研究小组（Study Circle）的负责人，然后由他们推动其他课程，并帮助建立和运行新的教育研究小组。

参与 GPP 的工会也旨在改善国家的农药 HSE 标准和法律，例如，一些 GPP 工会正在参与开发由国家推动的、评估国家化学物质和农药管理基础设施的国家概要，这将确保：

- 农业劳动者及其家庭、社区和环境所面临的农药问题记录在此国家概要中；

- 工会成员参与此国家概要所产生的相关行动项目。对农业劳动者来说，这包括增强意识、改善 HSE 信息的提供和培训，以及加强农药立法和执法。

GPP 工会还致力于确保具有法律约束力的《国际贸易中若干危险化学物质程序的事先知情同意公约》（Convention on the Prior Informed Consent Procedure for Certain Hazardous Chemicals in International Trade，1988 年，后简称 PIC）得到其政府的批准和有效实施。

通过 GPP，劳动者和工会官员正在接受以下培训，以便：

- 根据上述事先知情同意公约（PIC）的标准收集和记录问题农药的信息；
- 向该国政府报告这些信息。

其目的是让各国政府要求将这些具有严重危害的农药配方列入 PIC 名单，并遵守公约的报告和同意程序。

国家的工作有助于增加 IUF 在国际层面的活动，IUF 正在促进：

- 在国际农药和化学物质机构（如政府间化学物质安全论坛）推广 GPP 的成果和政策；
- 在联合国可持续发展委员会的会议和工作小组中推动可持续农业。

IUF 还与全球统筹虫害管理（Integrated Pest Management，IPM）机构合作，为 GPP 培训者和工会成员提供有关 IPM 的培训。工会成员在与用人单位、农药公司和政府农业部门 / 推广服务部门协商或打交道时，能够推广 IPM 作为化学农药的替代品。

工会已经在从 GPP 中受益，这些好处包括：

- 对大量劳动者进行培训，提高了劳动者对 HSE 问题的认识；
- 将 HSE 条款纳入集体谈判协议（Collective Bargaining Agreements，CBA）；
- 提高 GPP 工会的知名度，其中一些工会现在被其他组织用作资源中心 / 卓越中心；
- 工作场所的实际改善；
- 改善与 NGO 的网络 / 运动。与农药行动网络（the Pesticide Action Network，PAN）在国家、区域和国际范围内的合作就是一个范例。

手册 1　教育者指南

目标

编写本手册是为了帮助工会教育者规划和开展关于健康、安全和环境（HSE）的教育活动，本手册旨在：

- 概述本系列手册的格式；
- 鼓励使用良好的工会教育方法；
- 协助准备教育活动。

每本手册的格式

除手册 4 外，每个手册都遵循类似的格式：

- 目标：说明手册将帮助参与者做什么。
- 本手册的内容是什么，概述本手册的内容。
- 课前问卷：条件容许的情况下，应该在课程开始前将这些问题发给每位参与者，使他们及其成员能够思考关键议题。
- 介绍：解释手册所呈现议题的背景。
- 本手册核心：其中包括一些具体信息和活动的章节与子章节。
- 行动检查表：有时您会看到关于行动要点的检查表。回顾这些检查表将有助于参与者为其工作场所 / 工会制定行动计划。

- 活动：每个手册都有许多活动。这些活动使参与者有机会为存在的问题和解决方案而共同努力。活动中使用了许多不同的培训方法。这些方法将在下文“教育者的技术”一节中进行介绍。
- 更多信息：将为您和参与者提供思路，帮助寻找有关选定主题的更多信息。

关键原则

ILO-IUF 系列手册所依据的一些关键原则包括：

- 以干促学，参与者通过自己做一些事情可以学到更多东西；
- 集体工作，只有让每个人都参与进来，汇集人才和技能，工会才能发挥最好的作用；以小组形式开展工作，定期反馈报告，使之在课程中成为可能；
- 工作中的行动，参与者和其成员之间的密切联系将有助于他们建立工作关系；成员需要知道参与者在课程中所做的工作，以及这些工作将如何使他们受益；
- 解决实际问题，参与者在课程中面临的有害因素和问题，是帮助每个人理解所涉及的内容和采取的行动的最佳起点；
- 工作场所的活动，能帮助确保课程是相关的，并且是基于参与者在工作场所面临的实际情境；
- 活动，是帮助课程参与者学习的具体任务，并与他们在工作中面临的情境相关；
- 课程回顾，在所有课程中，都应该有正式和非正式的方式来回顾所做的工作，并让教育者和参与者有机会调整课程方案，满足确定的优先事项；
- 课程档案，在课程期间，参与者应有机会将课程结束后在工作中有用的资料整理成档案。

教育者角色

教育者的角色包括：

- 掌握小组动态，促进平等参与，特别是在性别方面；
- 通过对任务和工作方式提出建议来帮助组织工作；

- 帮助参与者商定课程指南；
- 确保不同的意见得到尊重；
- 协调资源以帮助课程开展，资源包括基本信息、出版物和复印设备（如果有）；
- 调整课程材料适应参与者的需求；
- 提供建议和支持；
- 促进讨论；
- 领导部分讨论并总结要点；
- 在感到必要时安排外部人力资源参与。

在课程中使用 ILO–IUF 手册

在这些手册中，我们提到了参与者参加的“课程”。“课程”也可用其他名称来指代，如讲习班、研究小组（见第 26 页描述）、研讨会等，本手册适用于所有学习经验的类型。

使手册适应参与者的需求

为了使课程尽可能相关，应确保参与者的需求得到适当的解决。如果在现有的时间里有太多问题需要处理，则可能只能处理参与者的优先事项。

如果可能，在手册 2、3 和 5 开始时使用课前问卷。这将有助于参与者在课程开始前思考自己和其成员的具体议题。此外，每个手册中的前期活动将有助于参与者在其优先事项上达成一致。

尝试将国家的法律 / 法规，以及参与者确定的具体需求或问题与手册的适当内容结合起来，以下是一些关于如何调整材料的建议：

- 使用参与者自己的经验以及该手册中的案例；
- 获取一些您知道的、存在于一些参与者工作场所中的、特定有害因素的信息，然后设计与之相关的活动；
- 如果可能的话，在课程开始前将材料改编为当地语言。

根据自己的国家、语言和参与者的需求来调整这些材料，将使这些信息与他们自己的岗位、工会和生活更加相关。

文化水平

由于这些手册中的信息和练习是基于书面材料的，所以建议您评估课程参与者的文化水平。向小组成员大声朗读活动说明，解释每项活动的不同任务是一个很好的做法。由于文化水平对人们来说有时是一个敏感的话题，不向其他参与者透露哪些人可能文化水平有限是很重要的。尝试利用整个团队中的各种技能，这在任何课程中都是推荐的，尤其是在您的小组中存在文化水平问题的时候。

课程指南和合作协议

工会活动的出发点是一套共同的价值观和态度，包括：

- 在工作的各个方面实现公平公正的待遇；
- 机会平等和待遇公平，这要求消除以年龄、性别、种族、宗教、性取向和残疾为由，公开地或隐蔽地歧视他人的偏见和程序；
- 尽可能地让成员参与工作决策，并参与工会活动；
- 保持成员之间和成员群体之间的凝聚力，为实现工会目标而努力。

这些原则是 ILO–IUF 工作的基础，应当反映在课程的教学之中。每位成员为课程带来的知识、经验和技能都应该得到重视。每个人都有自己的贡献，所有人都不应该感到自己被排除在外。在课程一开始，参与者和教育者应在反映上述原则的课程指南上达成一致，能够使用以下共同工作和学习的协议的范例来开始讨论。

共同学习的协议示例（可以添加其他商定的项目）

- 倾听别人的想法，避免轻视他们的贡献；
- 等到演讲者讲完，不要打断他们的思路；
- 使用不会冒犯他人的语言；
- 遵守约定的开始和结束时间；

- 避免性别歧视的语言或行为；
- 尽量不要使用“术语”，如果用了，一定要解释其意思；

……

术语表

在课程中，教育者应鼓励参与者持有术语表，以便他们能够对照单词、短语和缩写查阅，知晓它们的意思或代表什么。房间里应该放一大张海报，这样就能够把术语的解释写下来。

鼓励主动的平等参与

当成年人主动地参与学习过程，并在课程中被鼓励讨论自己的经验时，他们能够学得最好。这种类型的学习通常被称为“平等参与式”或“以学生为中心的学习”。这种方法的优点包括：

- 学习过程始于并建立在课程参与者的经验之上；
- 课程参与者通过小组合作和讨论来学习；
- 课程参与者有机会自己思考议题，并发展一系列技能。

以学生为中心的学习，要求参与者在接收信息的同时提供信息。通过这种方式，鼓励参与者根据自己作为劳动者的工作经验互相学习。毕竟，参与者对自己工作场所的健康、安全和环境问题最为了解，这些知识使参与者成为提供改善工作条件思路的绝佳来源，要利用参与者的经验帮助他们学习和记住重要的信息。

教育者检查表：鼓励平等参与

√ 让参与者有机会定期讨论其对改善自己工作场所的健康、安全和环境条件的想法；

√ 认识到参与者能够作出重要的贡献，根据其个人经验，并接受他们带来的有价值的信息；

√ 尽量少用讲座式教学，将手册的内容划分为合乎逻辑的章节和子章节，创建活动、激发讨论，来作为参与者学习的一种方式；

√ 手册中提供了文本，供参与者在后续课程活动中思考；

√ 在您的指导实践中要民主，要愿意放弃对会议的一些控制，容许参与者来领导；

√ 通过提供方向和结构，促进和指导参与者完成学习过程；

√ 鼓励使用歌曲、舞蹈和戏剧；

√ 利用可操作的但结构化的现场考察来补充课堂活动；

√ 让参与者专注于此课程的不同任务；

√ 帮助参与者互相学习；

√ 尽量确保没有人在课程中占主导地位；

√ 鼓励安静的参与者发言并参与所有课程。

“以干促学”可能比“以听促学”更有效。这种培训方法将鼓励参与者的集体自力更生。同时，他们作为工会积极分子或成员的技能也会得到发展。因此，可以预期，在培训课程结束时，参与者对自己的信心将显著增强。

——ILO《您工作中的健康和安全 2000》

（Your Health and Safety at Work 2000）

教育者检查表：计划和准备

√ 在课程使用本手册之前，请仔细阅读每一份手册/章节/子章节和每一项活动。

√ 使用不同的平等参与式方法，同时尝试提出自己的平等参与式方法。

√ 在课程开始之前，制定每个手册/章节的课程计划或指导大纲。当准备课程/会议大纲时，决定使用什么指导技巧来展示核心概念。您的课程计划中要包含目标、介绍、文本核心内容、记忆要点、总结和活动。

√ 对于某些活动，如果有复印设备，建议提前复印材料。记住还有活动挂图、记号笔和纸张之类的东西。

√ 根据本手册开发新的教材或尝试新的指导方法。

<table>
<tr><th colspan="3">课程计划样表</th></tr>
<tr><td colspan="3">1. 课程名称：…………………………………………
2. 目标群体：…………………………………………
3. 可用时间：…………………………………………
4. 要求：……………………………………………</td></tr>
<tr><th>内容</th><th>教学技术</th><th>教辅工具
（材料、设备、法律标准）</th></tr>
<tr><td>目标</td><td></td><td></td></tr>
<tr><td>导读</td><td></td><td></td></tr>
<tr><td>课程核心要点</td><td></td><td></td></tr>
<tr><td>记忆要点</td><td></td><td></td></tr>
<tr><td>总结</td><td></td><td></td></tr>
<tr><td>活动</td><td></td><td></td></tr>
</table>

教育者的技术

以下是关于使用各种教育技术的解释和指南，所有这些技术都被证明是开展劳动者教育的有效工具。

提问

问题能够用来激发讨论，但不应该以一种威胁的方式使用。提问的方法有很多种，一些方法比其他方法更好。最好是问一些要求参与者分析的问题，而不是用简单的“是”“不是”或几个字就能回答的问题。问题应该针对小组，容许参与者有几秒钟的时间思考他们的答案。

通常，没有直接的“正确”和“错误”答案，但是，如果一个参与者明确地提供了一个错误的答案，应询问其他人是否有不同的答案，而不是立即说之前的回答是错误的。在处理技术信息时，确保参与者得到问题的“正确”答案是很重要的。

使用检查表

检查表是参与者评估其工作场所一般或具体健康、安全和环境情况的有用提示。您可以提供检查表或帮助参与者开发自己的检查表，最好以小组为单位，然后，参与者能够将此检查表带回各自的工作场所并应用。

即时想法

这是一种鼓励参与者产生各种想法的技巧。使用这种技巧时，没有想法是“错误”的，且任何想法都不应该被批评。开始活动前，先陈述所存在的问题或有疑问的主题，然后让参与者说出他们脑海中关于这个主题的第一个想法。参与者可以随机说出自己的想法，也可以把想法写在纸上。需要有人（您或参与者之一）将想法写在活动挂图（或大幅纸张）或黑板上，以便每个人都能看到。当没有更多的想法时，询问是否有人要补充。如果没有人补充，就总结和讨论所有已经产生的想法，并努力与小组达成行动的结论。

行动计划

随着课程的进行，可能会出现许多问题，需要参与者采取一些行动。行动计划可以由参与者独自制定，也可以作为一项集体活动来制定。参与者需要思考并制定策略，采取积极行动改善工作条件、工会组织等。本手册为参与者提供了行动规划工作表，以帮助他们组织其工作。参与者提供机会，使其可以向其他成员汇报课程进度、潜在的问题以及下一步行动。

身体图谱和有害因素图谱（见手册 2 和 3）

越来越多的可视化技术，如身体图谱和有害因素图谱被用于识别工作中的健康损害和有害因素。这样的技术能够帮助参与者区分危害和风险。“有害因素”是指任何有可能造成伤害的事物，而“风险”则是被认识到的危害造成伤害的可能性。根据 ILO《农业中的安全与卫生公约》（第 184 号，2001 年），用人单位有义务进行风险评估，识别有害因素是风险评估过程的第一步。一旦确定了某一特定的有害因素，就应该评估其风险，描述并实施预防或控制措施，以消除有害因素或使该有害因素带来的风险最小化（更多细节请见手册 2、3 和 5）。

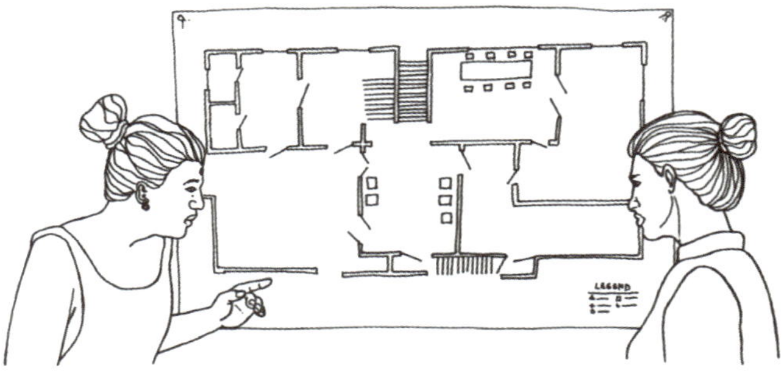

工作场所活动

在有机会进行工作场所活动之处，这些活动能够提供本课程、参与者成员、工会和工作场所之间的联系。这些活动将帮助学员从工作中或从其工会获取信息，并在课程的不同时间与他们的成员讨论议题。在每一天的课程中都应该提供一个机会来计划如何开展工作场所活动。工作场所活动做得越彻底，参与者和他们的成员从本课程中获益越多。

课程会议

课程会议是一种帮助参与者影响本课程内容和结构的民主方式，还有助于培养会议技能，容许参与者分享来自其工会和工作场所的经验。很多方法能够引入课程会议，例如，在每天课程开始时，参与者选出新的主席和秘书，然后由他们召开一个简短的会议，讨论本课程进展，分享工作中的新经验，商定当天的计划等。

小组活动

小组工作是对劳动者开展教育的主要方法之一，在劳动者教育中采用小组工作有一些很好的理由。小组工作：

- 是一种主动的方式；
- 鼓励相互协作；
- 鼓励缺乏自信的参与者参与讨论；
- 容许参与者在工作时不感到他们总是被教育者注视；
- 提供结构化讨论的有效方法；
- 使参与者能够调查、讨论和应对他们和同事在工作中面临的情况。

理想情况下，小组应该由三到四名参与者组成，然而，有时您会希望使用让参与者两人一组的选项。这种工作方法对于需要细心关注的活动非常有用，例如制作传单或准备简短的展示。

教育者检查表：利用小组形式

有效地组织小组工作是至关重要的。设置活动、监督小组讨论、听取和总结报告的过程有助于提供这种结构。

设置其活动

√ 确保参与者清楚目标；

√ 确保参与者能够在规定的时间内完成活动；

√ 确保每个人都清楚地理解他 / 她被要求做什么；

√ 确保各小组知道他们应该选出一位发言人，并且应该进行任务轮换；

√ 明确您希望小组如何汇报，例如，在挂图上标出关键点。

监督此小组

√ 在您到处走动、检查小组工作进展之前，留出时间让他们安顿和整理；

√ 试着监督各小组正在进行的工作，而不是主导它；

√ 准备好加入任何有困难的小组，一起讨论，帮助他们组织其讨论和工作。

听取小组报告

√ 您应该清楚报告的目的；

√ 分开报告，避免重复和太长，例如，询问第 2 组对第 1 组关于任务 1 的报告是否有内容要补充；

√ 是否希望参与者提炼出关键要点；

√ 如果参与者在其报告中未想到，您有什么关键要点要介绍；

√ 鼓励小组举例说明他们的报告，这将使工作场所、参与者的工会经验和课程活动建立联系。

总结报告并引导最终讨论

√ 重要的是您要提供一份从小组报告中提炼出的关键要点总结，这可以在所有小组都参与的最后讨论期间或最后进行；

√ 有时您会想把要点写在活动挂图（或大幅纸张）或黑板上；

√ 您可以从这些报告中提炼出主题；

√ 这也是一次指出此次讨论与早期课程活动和讨论以及与课程未来部分联系的机会。

活动总结表

鼓励参与者将活动中提出的关键要点记录下来，以便在课程期间和课程结束后回查，下一页提供了总结表的范例。

工作场所的现场检查

教育者可以鼓励参与者进行现场的 HSE 检查（在一些国家可能被称为监督），作为课程的一部分。在现场检查之前，参与者和教育者应该就检查的时间和地点达成一致。此检查有多种选择：

- 检查当地的一个工作场所；
- 检查部分课程正在涉及的工作场所；
- 在此课程的不同时期检查他们自己的工作场所。

如果在课程中安排了参观当地的工作场所，那么最重要的是要用可操作性的方法，例如，在工作场所获得用人单位和工会的同意，让参与者能够进行现场的 HSE 检查。他们能够在检查完成后在会议上讨论他们的发现，然后撰写一份报告。“走马观花”式的参观并不能很好地利用宝贵的培训时间。

工会健康和安全课程
活动总结表
第_____天 日期：______________________________ 页码：______________________________ 活动名称：______________________________ 主要内容：______________________________ 此活动的优点和缺点：______________________________

教育者检查表：小组讨论

最重要的是，教育者将促进、激励和维持小组讨论作为主动学习方法的一部分。以下这些将帮助您在课程中成功地运用讨论。

√ 确保尽可能多的参与者能够加入讨论。

√ 试着留意谁没有说话。想办法在不给他们压力的情况下鼓励其加入，例如，可以问“还没说话的人想说点什么”。

√ 不要用自己的观点主导讨论，也不要容许其他人这样做。

√ 教育者的部分角色是非正式地主持和指导讨论。鼓励参与者在倾听您的意见的同时也倾听彼此的意见。把注意力集中在讨论的进展上，如果讨论陷入僵局或开始跑题，就把问题抛回给小组。

√ 不要害怕沉默。沉默让参与者有时间思考，也能够让参与者建立联系。沉默也能够表明出了问题，但通常情况下，如果出现这种情况，您还会发现其他迹象。

√ 讨论能够在大组或小组中进行。将课程分成小组，可以让更多的人在有限的时间内发言，并帮助不太自信的参与者参与进来。

√ 为自己和参与者明确讨论的主题，考虑灵活性，但不要让讨论离主题太远。如果出现了需要单独讨论的新想法，将它们记录下来，并计划稍后再来讨论。

√ 讨论可以引出各种各样的观点和态度，但也能够带来不同的意见，因此，可能不得不应对不同观点或意见的强烈冲突，您应该为此做好准备。

√ 时间管理很重要，您有责任在您认为合适的时候结束讨论。

√ 为讨论做好准备，但不要用您的知识主导讨论。用您的想法和信息推动讨论，帮助澄清要点。您可能还需要利用您的知识来鼓励课程参与者进行辩论。

√ 使用参与者的名字，并鼓励其他人也这样做，这将有助于团队放松，并建立一种集体的方法。

√ 仔细听参与者的发言，不要假设他们说的是您期望听到的话。专注于实际正在发生的事情，而不是您计划要发生的事情。

√ 有时可以试着让参与者来领导或主持讨论，可以用课程会议来鼓励这一过程。

√ 如果真的想把讨论作为一种培训方法，要确保为此留出足够的时间，讨论应该是职业健康、安全和环境项目的关键要素，而不是事后的想法。

√ 确保讨论是在课程指南的背景下进行的，所有参与者应该在课程开始时已同意遵守该指南。例如，给别人机会来完成他们的发言，使用不会冒犯他人的语言等。

使用案例研究

在大多数情况下，源自参与者自己经验的“真实”问题和议题为发展技能和改善工作条件提供了最佳材料。不过有时候，教育者使用案例研究也能取得良好效果。案例研究包括对一次事件、一种情境或一个问题的详细描述。案例研究的部分价值在于，它使探讨工会议题成为可能，而参与者不会觉得他们个人对讨论的结果投入了很多。这意味着，能够在课程中引入敏感议题，这样就不会有人立即感到自己处于防御或攻击的位置。

如果使用案例研究，很重要的是：

- 案例要与讨论此案例的课程主题和目标相关；
- 它们与参与者的经验并没有太远的距离，以至于他们无法对这些案例作出建设性的回应。

案例研究能够是基于真实事件的，也能够是完全虚构的，在如下情况下，它们能被用于小组讨论：

- 将同样的案例给所有的小组思考，这能够鼓励对同一议题产生不同的解决方案、想法和意见；
- 每个小组都有不同的学习案例，但有一个相关的主题（例如，工作场所的有害因素），这样能够在可用的时间内涵盖更多议题。

案例研究能够从以下几个方面构建：

- 参与者在课程中所提出的真实事件、情境和问题。养成记录这些事件的关键要点的习惯，这对将来将其作为课程的案例研究很有用。
- 书面资料，例如，报纸报道、工会期刊和专业的职业健康与安全出版物的报告。

角色扮演

什么是角色扮演

角色扮演是一种积极的学习方法，能够在课程参与者之间产生大量的活动和互动。本质上，课程参与者被要求在特定的工作场所情境中扮演一个角色。在劳动者职业健康、安全和环境教育中，最常用的角色扮演类型是：

- 访谈，例如，一名 HSE 劳动者代表就健康、安全和环境问题与一名工会成员进行访谈；
- 谈判，例如，HSE 劳动者代表与管理层会面，就健康和安全议题进行谈判；
- 参加会议，例如，一组 HSE 劳动者代表开会，讨论并建议采取行动解决健康和安全问题。

为何利用角色扮演

教育者利用角色扮演是因为：

- 这是一种主动的方法；
- 这是一种能够开发参与者技能的方法（例如，准备并提出论据）；
- 能够帮助参与者建立信心；
- 这是一个很有用的方法，能够让您知道如何不去处理一种情境！
- 它能够洞察人们的行为模式以及人与人之间的关系；
- 它能够提供扮演不同角色的机会（例如，一个存在安全问题的成员，或一个管理者的角色）；
- 它能够用来发展合作的工作方式，特别是在与管理层谈判时的团队合作。

如何设置角色扮演

角色扮演的设置和角色的分配将取决于所设置的练习类型，例如，可以采用三人一组的方式进行访谈练习：

- 工会成员；
- 工会代表；
- 观察员。

基于谈判的角色扮演能够由五人一组进行：

- 2 位工会成员；
- 2 位管理者；
- 观察员。

作为角色扮演准备工作的一部分，重要的是要把那些扮演相同角色的参与者集合在一起，例如，所有的管理者、所有的 HSE 劳动者代表和所有的观察员。这使他们能够就如何扮演自己的角色交换意见，并阐明他们不确定的事情。

教育者检查表：有效的角色扮演

√ 以参与者的经验作为角色扮演的基础，例如，参与者所面临的特定问题能够形成角色扮演概述的主体内容。

√ 参与者应知道角色扮演的目的（例如，练习谈判技巧）。

√ 参与者需要清楚地了解他们被要求做什么，以及他们自己的特定角色。

√ 个人角色应该保持简单，强调所考虑的主要议题。

√ 角色扮演应该建立在参与者的经验之上（尽管有时会故意赋予参与者一个新角色或将其安排在一个新情境中）。

√ 参与者必须有足够的时间准备他们的角色。

√ 应该建立角色扮演的基本规则。特别是，应该强调参与者不能为角色扮演创造新的部分。如果他们有任何问题或困难，应该向您提出来。

√ 通常一些参与者会被赋予观察员的角色，从整体上来见证和反馈角色扮演的情况。观察员需要有足够的时间来展示他们的报告，因为这些报告应成为角色扮演之后讨论的基础。观察员的检查表有助于这个过程。

√ 您应该清楚地指出角色扮演的结束时间点和一般性讨论的开始时间点，以便让参与者知道什么时候“走出”他们的角色。

利用人力资源

教育者在利用外部人力资源时应非常谨慎。只有当他们能够促进学习过程时，才应该使用，永远不要用此方式来“填充时间”。

检查表：利用人力资源

√ 目标群体是什么？他们的需求是什么？

√ 为什么要利用外部人力资源，这是必要的吗？

√ 如果需要一个外部人员，您将如何计划他们的投入？

√ 如何能够确保人力资源使用有效的学习方法？

研究小组（Study Circles）

背景

到目前为止，我们一直使用“课程”这个词，但在许多工会中使用的是“研究小组”一词。研究小组指的是一群成年人定期聚在一起学习某一特定主题的知识。有些人用“研究小组法”来形容一种小组工作形式，另一些人则用它来形容一种整体的教育方法。研究小组教育背后的理念与上文所述的主动学习方法非常相似，两者都是以参与者为中心的民主教育模式。在此教育者指南中，我们用“主动学习”描述其整体方法，用研究小组来描述一种有效的成员教育形式。

研究小组可以追溯到瑞典劳动者将其作为一种克服劳动阶级缺乏教育和社会援助的手段。工会越来越多地将研究小组用于工作场所中的成员教育。研究小组依赖于对进入其工作场所并组织研究小组的非专业主持者的培训。对于没有或几乎没有工会工作经验的成员和教育弱势群体来说，研究小组是一种最有价值的学习方法。

研究小组的优势

研究小组的一个优点是，许多成员能够相对较快地、以适中的成本参加工会教育。参与者在研究小组学习到的技能能够进行调整，并用于解决人们在工作和社区中面临的一系列议题。参加研究小组可以带给人们自信和力量，通过在地方层面建立强大的工会组织，来解决工作场所的问题。

程序

研究小组方法有赖于对从工作场所抽取的研究小组引导者的培训。不期望他们具有特殊资质，但他们应有内动力通过教育项目，在其工作场所帮助工会成员和劳动者。通常，工会对研究小组引导者的培训，是针对使用小组学习技术的主动学习方法。

完成其课程后，研究小组引导者返回自己的工作场所并建立研究小组。小组中的人数能够有所不同，但通常涉及大约 10 名工会成员或劳动者。研究小组中的工作通常以工作手册或书面材料为中心，并围绕小组内的使用需求和方法进行准备和调整。研究小组成员共同决定，围绕工作手册或材料中涵盖的主题进行一段时间的学习。研究小组引导者和研究小组成员决定此项目长度和课程时间安排。ILO–IUF 手册的部分章节能够被改编，以供研究小组使用。

每个研究小组都是一个从研究小组引导者那里得到帮助的自学单元，研究小组引导者是小组的一部分。

研究小组特征

- 每个人都觉得她 / 他属于这个群体，并被群体接受；
- 每个人都积极参与讨论，对于不同的想法都要予以尊重；
- 引导者是此小组的一部分，与其他成员平等；
- 计划由小组成员共同完成，责任由成员分担；
- 任何问题都在小组成员内部解决；
- 主动学习方法被应用于一系列不同的活动；

- 研究小组的评估由小组成员合作完成；
- 未来的计划和行动由此小组成员商定。

设计您的培训课程

计划此课程

以下是使用这些手册设置培训项目的一些建议。在决定如何设置您的课程时，请考虑一些因素，例如，您的可用时间、参与者能够花在此课程上的时间、参与者的特定需求。

您需要考虑：

- 以商定的标准仔细选择目标群体；
- 提前通知参与者和用人单位；
- 此项目和时间表；
- 准备讲义和活动；
- 如有要求，安排场地、文具、零食和人力资源；
- 课程经费；
- 评估和随访。

上述许多任务能够由您的工会分担，因此它不会全部落在教育者身上，您还需要考虑可能会出现的问题以及您将如何做，例如：

- 资金未及时到账；
- 不得不改变场地；
- 关键的资源提供者无法参加；
- 打印机故障；
- 可能会断电。

确保参与者提前知道他们有多少时间来尝试完成练习或讨论的目标，商定以下每项活动的明确时间限制：

- 活动；

- 讨论；
- 课程会议；
- 吃饭喝水的工间休息。

设计“学习空间”

无论课程在哪里进行，其目标都应该是最大限度地增加参与者之间的联系和交流，在安排“学习空间”时，请考虑以下事项：

- 眼神交流：每个人都能容易地看到其他人吗？
- 聆听：每个人都能听到其他人正在说什么吗？
- 座位：非正式且灵活。

如果可能，请提供以下条件：

- 可移动的椅子和桌子，以便参与者能够分组；
- 足够的采光和通风；
- 活动挂图（或贴在墙上的大张纸）和记号笔，或黑板和粉笔。

通常情况下，教育者不得不在远非理想的条件下工作，但是您当然能够在未能满足全部这些“理想条件”的情况下成功地开展一门课程。

课程评估

作为一项基本原则，教育者和课程参与者应该共同参与评估。正如课程是基于小组工作、积极的平等参与和融入一样，评估也应该是一个集体过程。评估意味着每个人集体地或单独地反思他们所融入的课程。他们要询问有关课程的相关性、从中得到了什么、它的不足之处和成功之处等问题。评估应作为本课程的一个持续性的特点来进行。

为了使评估有效，教育者和课程参与者应该共同分享其观点，通过此方式，能够实现：

- 教育者了解该课程的效果；
- 参与者从其他参与者那里更多地了解自己的进步和发展。

课程评估的主要目的在于：

- 评估课程项目目标的适用性；
- 确定课程是否达到（已经达到）这些目的和目标；
- 考虑课程内容和结构的适用性；
- 使参与者能够测量他们的发展和进步；
- 判断此课程中使用的材料的相关性和有用性；
- 评估该组织和行政安排的充分性；
- 鼓励将材料和方法的改变和调整作为培训过程的常规部分；
- 开发良好的培训实践的模型。

在以上这些目标中，最后两个主要与教育者相关。然而，关键在于评估应被视为一个长期过程的一部分，而不是一次性事件。

课程参与者从评估中获得什么

- 一种评估其个人进步、学习和技能发展的方法；
- 确定未来学习需求和兴趣的机会；
- 有机会讨论和反思他们参与的培训过程；
- 有机会考虑整个团队是否实现以及如何实现目标；
- 为未来的工会课程作出贡献和产生影响的机会。

教育者从评估中获得什么

- 参与者对此课程各个方面的深思熟虑后的评论；
- 关于课程中运行良好的部分的提示；
- 关于需要删除或修改的课程部分的说明；
- 有关培训教材未来发展的思路；
- 确定进一步培训需求的方法；
- 从集体讨论和决策中得到的鼓励。

评估问卷

本课程结束时可以将有关课程的调查问卷分发给参与者。可以提出更详细的问题来补充上述基于讨论的活动。但是，本补充不应取代集体讨论，下文提供了一个课程评估表的范例，如果参与者可以选择匿名填写表格则更好。

可以在完成本课程几周后向参与者发送书面随访评估，这是出于以下目的：

- 给予时间反思经验；
- 确定收获了什么；
- 评估培训活动对参与者后续活动的影响（请见本节“培训活动对工作场所 / 工会的影响”部分）。

个人行动计划

正如我们已经描述的那样，行动计划和实施应该成为所有工会课程的组成部分。个人行动计划也是评估课程所产生的行动的一种有效形式。它们使参与者能够为自己设定在一定时间段内要实现的目标，这很重要，因为它在课程和参与者要返回的工作 / 工会情境之间建立了直接联系。将目标写在纸上，容许每个人评估他 / 她在实现目标方面的进展。

教育者检查表：评估

√ 在开始之前，设定您的课程目标；

√ 在第一次或第二次课程开展期间，找出参与者希望从课程中获得什么，并就此目标达成一致；

√ 利用课程会议来协助培训过程，可以将每日回顾纳入课程会议议程；

√ 对于每节课 / 每场活动，检查参与者是否理解其目标以及期待他们做什么；

√ 当参与者进行到课程中期时评估进度；

√ 在评估期间，注意食物和设备是否变得比课程内容更重要；

√ 在本课程结束时进行最终评估；

√ 可能的话，在课程结束后几周 / 几个月对参与者进行抽样跟踪调查，以监测培训对其后续活动的影响。

课程评估示例表

1. 此课程是否达到其目的？

□ 是

□ 否

2. 您认为该课程是否充分解决了您的健康和安全关切？

□ 是

□ 否

3. 您是否有任何在此课程中没有得到充分解决的特定健康和安全关切？

□ 是

□ 否

如果有，请予以描述：

____

____

____

____

____

____

4. 这门课程对您的帮助有多大？

□ 非常有帮助

□ 有一些帮助

□ 没有帮助

5. 您对以后的课程有什么改进建议吗？ 如果有，请予以解释：

____

____

____

____

____

____

培训活动对工作场所 / 工会的影响

对 HSE 劳动者代表的培训是对其活动的有效支持。对教育者来说，确定 HSE 劳动者代表认为此课程使他们能够在工作场所取得哪些成就，这一点很重要。教育者可以在课程结束几周后，对参与者抽样随访，以确定此培训活动的影响。

有用的信息来源

工会

- 您自己工会的网页 / 书面材料；
- 国际食品、农业、酒店、餐厅、餐饮、烟草和劳动者联盟协会（IUF）（http：//www.iuf.org）；
- 国际自由工会联合会（ICFTU）（http：//www.icftu.org/）。

国家 HSE 机关或部门

政府间的组织

- 国际化学物质安全规划署（https://inchem.org/pages/about.html）

专业机构

- 加拿大职业健康与安全中心（www.ccohs.ca）
- 国际癌症研究机构（http：//www.iarc.fr/）

非政府机构

- 英国有害因素网络（www.hazards.org/）
- 农药行动网络农药数据库（www.pesticideinfo.org/）

农药行业

- 作物数据管理系统：产品标签和材料安全数据清单服务（http：//www.cdms.net/manuf/manuf.asp）

手册 2　“基层”成员的健康、安全和环境

目标

手册 2 中包含的课程材料将帮助参与者：

- 识别他们在工作中主要面临的健康、安全和环境问题；
- 树立健康、安全和环境意识；
- 鼓励劳动者平等参与健康、安全和环境活动；
- 强化健康、安全和环境的工会分支机构建设；
- 预防事故、健康损害和环境破坏。

活动：介绍

目标

帮助我们：

- 知道谁参与了本课程；
- 同意我们为本课程设立的目标。

任务

和另一个人交谈并做笔记，以便您能够在本课程上把她/他介绍给其他人，您的搭档也会介绍您。

请在您的讨论中使用这些主题：

- 您的姓名；
- 您的工会；
- 您的工作场所；
- 您工作场所的劳动者人数；
- 您的岗位；
- 您以前是否参加过健康、安全及环境课程？
- 为什么与工作相关的健康、安全和环境对您很重要？
- 您希望在本课程中做些什么？

健康、安全和环境的背景

与工作有关的健康、安全和环境问题，涉及劳动者、劳动者家庭和社区、精神和身体健康与福祉。要实现这一目标，要求工会、劳动者、用人单位、政府和其他组织的合作与平等参与。

与工作有关的健康和环境议题，往往比与工作有关的安全议题受到更少的重视。但是，在我们的工作和生活场所有许多健康和环境有害因素，我们需要获得知识和技能来保护我们自己、我们的家庭、公众和我们赖以生存的环境。

与工作有关的事故、健康损害和环境有害因素能够导致死亡、疾病和伤害，这对以下方面有许多直接和间接的严重影响：

- 劳动者及其家庭成员的生命；
- 当地社区；
- 用人单位；
- 国家。

对劳动者来说，伤害或疾病的一些直接成本有：

- 伤害或疾病本身带来的疼痛和折磨；
- 损失收入；
- 可能失去工作；
- 医疗卫生照护费用。

伤亡事故或疾病的间接成本远远大于直接成本，通常大到难以测量。

伤害、疾病和环境破坏，对劳动者的家庭和当地社区来说也是代价昂贵的，其中一些代价包括：

- 看着所爱和所尊敬的人遭受伤害或疾病的折磨；
- 担心和压力；
- 花费时间和精力照护患者；
- 经济损失和经济困难；
- 丧失生命。

伤亡事故、疾病和环境破坏对用人单位来说同样代价昂贵，直接损失包括：

- 为未完成的工作付款；
- 医疗和赔偿费用；
- 修理或更换损坏的机械和设备；
- 减产或暂时停止生产；
- 培训开支和行政成本的增加；
- 工作质量可能下降；
- 对其他劳动者的士气有负面影响。

再次强调，伤亡事故或疾病的间接成本远远大于直接成本，通常是大到难以测量。

与工作有关的伤亡事故、健康损害和环境有害因素能够给国家带来很大损失，其损失能够占国民生产总值的很大比例。

身体图谱

活动：身体图谱

目标

帮助我们：

- 使用身体图谱来识别健康损害的症状。

任务

教育者 / 引导者将在海报上画一些身体图谱，并安排从事类似工作的参与者组成小组。

在您的小组中：

1. 每个参与者应在身体图谱上标注“X”，以显示自己或他人在其工作场所出现的健康损害的症状。

2. 能够用不同的颜色来识别不同的症状，例如：

X 各种各样的病痛：蓝色；

X 呼吸困难，咳嗽：黑色；

X 压力相关疾病：绿色；

X 任何其他问题，如皮疹、流眼泪、流鼻涕、头晕、生殖障碍等：红色。

3. 在标注 X 时，简要解释为什么将 X 放在这个特定的位置。

4. 确保小组中有人简要地记录下了关于身体图谱所表达的内容，并能汇报你们的观点。

5. 教育者 / 引导者将会组织一个简短的讨论，分享您的想法。

什么是身体图谱

身体图谱是一种识别特定工作场所中、通常从事相同或类似工作的劳动者健康问题常见模式的方法。虽然身体图谱还不能确定这些常见的疾病是否与工作有关，但它强调了需要进行进一步调查的领域。

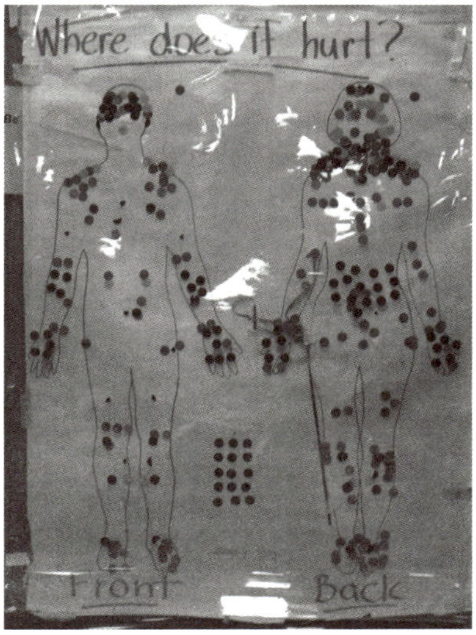

图片：由英国商店分销和联合劳动者工会（the Union of Shop Distributive and Allied Workers, UK）提供。

健康、安全和环境有害因素

活动：工作中的有害因素

目标

帮助我们：

- 讨论工作中的健康、安全和环境问题；
- 确定优先控制的有害因素。

任务

在您的小组中：

讨论您和其他劳动者在你们工作场所面临的健康、安全、福利和环境问题；

列出您认为要优先控制的健康、安全和环境有害因素。

选出一位发言人来汇报小组的优先控制的有害因素。

有害因素与风险

“有害因素”是指任何有可能造成伤害的某种事物，而“风险”则是指被认识到的有害因素造成伤害的可能性。例如，与动力驱动的农业机械有关的有害因素，可能是被转动部件困住或缠住，如果没有安装安全保护装置，且劳动者离机器很近，风险可能会很高。然而，如果机械配备适当的安全保护装置，由有胜任力的工作人员定期维护和修理，那么风险就会降低。

不同类型的有害因素并不一定适合框定的解决方案，但下面的标题可作为示例。

机械性有害因素

设计不良和/或安全保护装置不良的农业机械是造成死亡和事故的主要原因，切割工具造成的伤害是另一个主要风险。

物理性有害因素

农业劳动者面临着各种各样的物理性有害因素：

- 嘈杂的机械，嘈杂的工作环境，比如密集的牲畜房；
- 拖拉机、电锯等造成的过度振动；
- 跌落造成的死亡和损伤；
- 在粮仓、井中等发生的窒息；
- 太阳辐射导致的皮肤癌；
- 在温室内外作业时的极端温度；
- 与牲畜一起工作导致的死亡和伤害。

生物性有害因素

农业劳动者面临着与工作有关的各种疾病和身体紊乱的风险，包括从鸟类和动物处感染的疾病，以及由生物污染的粉尘引起的哮喘和其他肺部疾病。

社会心理性有害因素

这些包括能够导致健康损害的问题，如低工资、性骚扰和其他骚扰、工作无保障、不良晋升机制、拖欠工资。

工作组织性有害因素

这些包括由工作组织不善引起的有害因素，如轮班工作和工作时数安排不当、过度加班、独自工作、对工作缺乏掌控度。

工效学有害因素

这些包括与岗位不适合劳动者，并能够导致永久性损伤和残疾相关的有害因素，例如：

- 设计不良的机械；
- 长时间静态的工作姿势；
- 重复性的工作；
- 劳动者使用的工具不合适；
- 设计不良的座位。

化学性有害因素

化学性有害因素，如农药和溶剂等化学物质，能够对健康造成危害，危害范围从中毒到对女性、男性生殖造成长期影响及癌症，等等。

环境有害因素

农事作业也会对即时工作场所以外的环境产生有害因素，例如，劳动者及其家庭、当地社区和环境都能够受到农药的污染，这些污染可能来自喷雾剂、受污染的水和土壤，也可能来自食用当地含有农药残留的农作物、肉类和鱼类。这种额外的接触大大增加了健康损害的风险，特别是当这种风险与饮食问题和营养不良有关时。

追踪有害因素

活动：追踪一个优先控制的有害因素

目标

帮助我们：

- 识别优先控制的有害因素；
- 评估其风险；
- 制定追踪此风险的行动计划。

任务

在您的小组中：

1. 从您的工作场所中选择一个健康、安全或环境的优先控制的有害因素。
2. 讨论此有害因素，明确其风险，然后决定需要做什么来预防劳动者受伤或生病。

选出一位发言人汇报。

预防胜于治疗

最好的保护方式是在死亡、伤害或疾病发生之前采取行动。

预防和控制步骤

当面临一个有害因素时，严格按照以下顺序采取预防和控制技术是很重要的。

1. 询问是否能够消除有害因素，例如，通过使用有机耕作方法，消除使用有毒农药的需要。

2. 如果不能预防或消除此有害因素，考虑用风险较小的工序或物质替代化学物质。

如果无法通过消除或替代来预防一个有害因素，请考虑控制选项，顺序如下：

技术/工程控制

- 封闭

- 隔离
- 通风

安全的工作体系

- 改变工作休息安排
- 延长休息期
- 培训和信息

发放个人防护用品（Personal Protective Equipment，PPE）

但仅作为最后手段来补充上述其他控制措施，例如：

- 全身工作服
- 面具
- 呼吸器
- 护目镜
- 靴子

其他方法

- 工作场所的整体清洁状况
- 个人卫生及照护
- 医学健康监测

HSE 的职责

工会的 HSE 方法

正如在之前关于优先控制的有害因素活动中所看到的，其工会应该通过风险评估和管理，把重点放在预防和控制上。重要的是要认识到，使用上述所列的循序渐进的方法来预防和控制，应该按照如上所列的优先秩序来执行。个人防护用品往往是用人单位提供的唯一措施，实际上这是效果最差的保护方法，只能作为预防和控制措施的最后的、万不得已的手段来使用。

活动：劳动者和 HSE

目标

帮助我们明确：

- 用人单位和劳动者的责任；
- 在处理有关纪律和 HSE 的事务方面，HSE 劳动者代表的角色。

任务

1. 阅读下面的简短案例研究。

最近为劳动者提供了个人防护用品（PPE），供他们在从事与化学物质有关的工作时使用。在选择个人防护用品方面，管理层没有与劳动者磋商。许多女性拒绝穿戴这种设备，因为它们是为男性设计的，所以穿戴不合适也不舒服。现在，一位高级管理者已经通知 HSE 劳动者代表，表示如果不穿戴用人单位所提供的 PPE，劳动者将受到纪律处分。

2. 在您的小组中，确定好您认为 HSE 劳动者代表和劳动者下一步应该做什么，您应该将上面列出的预防和控制优先秩序纳入考虑。

选出一位发言人，使用图表进行汇报。

用人单位及其职责

工会坚信，造成死亡、损伤和健康问题的原因是用人单位未能提供安全和健康的工作环境，并往往过度依赖个人防护用品。事实上，个人防护用品只能作为最后的、万不得已的手段使用，且只能作为其他控制方法的补充。

用人单位应当：

- 提供一个安全的、对健康没有危险的和不破坏环境的工作环境；
- 识别其工作场所的有害因素；
- 在劳动者接触有害因素之前对工作场所进行风险评估；
- 识别并实施风险管理预防和/或控制措施，以消除或最大限度地减少已确认的有害因素带来的风险；

- 根据劳动者需求提供工作场所；
- 提供安全健康的工作体系；
- 向劳动者提供完整的信息；
- 提供良好的健康和安全培训项目；
- 为劳动者及其工会提供便于就 HSE 的各个方面与其进行磋商的机会。

在大多数国家，用人单位不遵守健康、安全和环境方面的法律法规，属于刑事犯罪。

劳动者、工会和 HSE

劳动者

从上一节可以清楚地看出，用人单位对工作场所的健康、安全和环境负有主要责任。用人单位应该让劳动者参与有关健康、安全和环境的决策，这包括就必要时采取的预防和控制措施以及适当的个人防护用品达成联合协议。此外，劳动者能够发现事故或健康损害的潜在原因，并向管理层预警。

显然，劳动者也要履行一些义务，包括：

- 遵守健康、安全和环境法规；
- 以不危及自身和他人安全的方式开展工作；
- 报告危险的情境；
- 在必要时使用包括合适的个人防护用品在内的 HSE 设备。

重要的是，如果我们要求用人单位履行他们的义务，劳动者也要遵守对其自身规定的合理义务。在许多工作场所，劳动者拒绝遵守健康、安全和环境的要求可能导致受到纪律处分。

工会

地方一级的工会及其成员的主要 HSE 工作，是确保其用人单位履行其 HSE 职责。实现这一目标的方法包括建立一个强大的会员关系，为了健康、安全和环境而选举和组织 HSE 劳动者代表，重要的是要理解：

- HSE 与其他工会事务没有什么不同；
- 对成员进行纪律处分不属于工会职责；

- 工会应该向成员提供信息、参与机会、咨询和教育，这样他们才能真心地参与HSE；
- 在使用个人防护用品这一万不得已的选择前，用人单位应尽量消除有害因素；
- 用人单位在选择设备和个人防护用品时，应与劳动者和工会进行磋商，个人防护用品应适合使用者；
- 劳动者应在设备和个人防护用品的使用方面接受适当培训；
- 任何纪律处分程序，应与有关工会共同达成共识。

健康和安全法律与标准

活动：运用法律武器

目标

帮助我们：

- 明确相关的国家法律；
- 使用 ILO《农业中的安全与卫生公约》（第 184 号，2001 年）；
- 运用标准来处理问题。

任务

在您的小组中，选择一个先前在本课程中提到过的健康和安全问题。

使用下页的工作表来：

- 明确国家立法的相关部分；
- 明确 ILO 第 184 号公约的有关部分；
- 计划下一步做什么。

选出一位发言人来汇报小组关键要点。

资源

- 国家立法的法律文本；
- ILO 第 184 号公约中的核心内容。

应用标准工作表	
姓名______ ______ ______	工会和工作场所______ ______ ______
问题：简要描述 ______ ______ ______ ______ ______ ______	法律或第 184 号公约的哪些部分能够提供帮助？ ______ ______ ______ ______ ______ ______
法律或第 184 号公约是如何规定的？ ______ ______ ______ ______ ______ ______	谁是负责人？ ______ ______ ______ ______ ______ ______
您能够如何利用法律或第 184 号公约来完成工作？ ______ ______ ______ ______ ______ ______	您计划接下来做什么？ ______ ______ ______ ______ ______ ______

国家的 HSE 法规

政府立法应向劳动者提供最低的健康、安全和环境保护标准，这些最低标准通常构成刑事法律体系的一部分。如果不遵守这些法律，用人单位和其他违规者可能会受到法庭的惩罚。

在历史上，许多工会都曾成功地向政府施压，要求其制定和执行关于 HSE 的保护法律。如今，对工会来说，在国家或省级层面组织实施保护性的 HSE 立法仍然很重要。但 HSE 立法只有在得到政府执法的支持下才有效。没有充分的执法，一些用人单位就没有动力认真对待。

目前，许多政府没有足够的、受过充分培训的政府监督员来定期检查每一个工作场所，因此，劳动者和工会要充当“监督者”（watchdogs），确保用人单位遵守现有的法律和标准。

您有权利查看适用于您的 HSE 法规，因为这些是公共文件。为了进行上述活动，健康和安全的教育者或引导者将向您提供一份关于您所在国家 HSE 法律的简短概要。

ILO《农业中的安全与卫生公约》（第 184 号，2001 年）

ILO 的国际劳工标准采取的是公约和建议书的形式，它们由每年在瑞士日内瓦举行的国际三方劳工大会通过。公约开放给劳工组织成员国批准。公约是国际条约，对批准了它们并将它们变成国内法的国家具有约束力。建议书不是国际条约，但提供了关于如何运用公约条款的更多细节。

下一页转载了 ILO《农业中的安全与卫生公约》（第 184 号，2001 年）的重要条款。

ILO《农业中的安全与卫生公约》（第 184 号，2001 年）

第 7 条：用人单位在风险评估、培训和终止危险操作方面的职责

用人单位须：

（a）针对劳动者的安全与卫生进行适宜的危险评估，并根据这些评估结果采取预防与保护措施，以保证，在所有预期使用的条件下，在用人单位控制之下的所有农业活动、工作场所、机器、设备、化学制品、工具和生产过程是安全的，并符合规定的安全与卫生标准；

（b）在考虑受教育水平和语言差别的情况下，保证就安全与卫生问题，向农业劳动者提供充分与适宜的培训和易于理解的说明，以及任何必要的指导或监督，包括提供关于同其工作有关的各种危害与危险的资料以及关于为保护他们而要采取的行动的说明；

（c）在存在对安全和卫生的即刻和严重威胁的情况下，采取停止任何作业的即时措施，并视情况撤离劳动者。

第 8 条：劳动者的权利和义务

第 8.1 条 农业劳动者须有权：

（a）被告知有关包括新技术的危险在内的安全与卫生事项并就这一事项与之磋商；

（b）参与对安全与卫生措施的实施和审议，并根据国家法律和惯例选举安全与卫生代表和在安全与卫生委员会中的代表；

（c）在他们有合理的理由相信存在着对其安全与健康的即刻而严重的危险时，使自身脱离工作活动所带来的危险并将这一情况立即向上级报告。他们不得因这些行动而处于任何不利地位。

第 8.2 条 农业劳动者及其代表有义务遵守所规定的安全与卫生措施并同用人单位合作，以使后者能遵守自己的义务和责任。

ILO《农业中的安全与卫生建议书》（第 192 号，2001 年）

第 5 段

为落实公约第 7 条，企业一级的一套安全与卫生措施应包括：

（a）职业安全与卫生服务设施；

（b）依照以下优先顺序的危险评估和管理措施：

（i）消除危险；

（ii）控制危险源；

（iii）通过以下手段，如设计安全工作制度、采用技术与组织措施和安全做法，以及开展培训，最大限度地降低危险；

（iv）在危险依然存在的情况下，提供和使用个人防护用品和服装——此种用品和服装对劳动者免费；

（c）处理事故和紧急情况的措施，包括急救以及前往医疗设施时可利用的适宜交通工具；

（d）登记和报告事故与疾病的程序；

（e）保护在农业工作场所现场的人员、附近的居民和总体环境的适宜措施，使其免受有关农业活动可能带来的危险，如因农业化学品的废料、牲畜粪便、土壤与水污染、土壤流失和地形变化而带来的危险的影响；

（f）保证使所使用的技术适应于气候、工作组织和工作惯例的措施。

HSE 劳动者代表

活动：HSE 劳动者代表的工作

目标

帮助我们：

- 讨论我们在健康、安全和环境议题上被代表的方式；
- 确定 HSE 劳动者代表的工作。

任务

在您的小组中：

- 讨论您和其他劳动者在健康、安全和环境方面是如何被代表的；
- 提炼出一份您认为的 HSE 劳动者代表的主要工作清单。

选出一位发言人来汇报。

工会代表

强大的工会组织对于确保用人单位预防劳动者和广大社区其他人的受伤、健康损害和死亡至关重要。劳动者和工会之间存在直接的利益关系。我们及我们的家人、朋友的生命、肢体和健康都与之利害攸关。

地方工会及其成员的主要工作之一就是确保用人单位履行其职责。实现这一目标的方法包括：建立强大的会员关系，选举 HSE 劳动者代表，为健康、安全和环境开展组织活动。

建立强大的会员关系

围绕着健康、安全和环境进行组织，能够帮助建立一个强大的工会。成员们深切关注自己、同事和广大社区人民的健康。但健康、安全和环境有害因素往往不是行动的重点。劳动者可能有其他的主要关切，比如维持生活的工资和足够的食物。

HSE 劳动者代表的工作

“HSE 劳动者代表”一词涵盖了许多不同类别的代表（在“引言”部分有对这些类别的描述）。IUF 认为所有 HSE 劳动者代表应该是由工会成员在其工作场所选择或选举产生的工会代表。

我们在 ILO 第 184 号公约第 8.1（b）条中看到，劳动者有权选择安全和健康代表，HSE 代表能够做的主要工作包括：

- 与成员交谈，并和管理层处理他们的投诉；
- 使成员参与进来，向成员提供信息，与成员磋商；

- 收集和宣传 HSE 信息；
- 定期对其工作场所进行 HSE 检查；
- 识别有害因素，调查和处理其风险；
- 调查事故、健康损害和险情；
- 检查用人单位是否符合健康和安全要求；
- 与管理层进行磋商和谈判；
- 在安全与健康委员会任职；
- 跟踪问题并确保问题得到解决；
- 和政府健康和安全监督员谈话。

劳动者 / 工会 – 管理层健康、安全和环境联合委员会

活动：健康、安全和环境联合委员会

目标

帮助我们：

- 反复斟酌健康、安全和环境联合委员会的益处；
- 决定谁应该在联合委员会担任职位，以及应该做什么。

任务

在您的小组中，讨论如何组建一个健康、安全和环境联合委员会，应把如下议题纳入您的讨论：

- 成立委员会的利与弊?
- 谁应该担任职位?
- 委员会应该做什么?
- 多久开一次会?

选出一位发言人来汇报小组讨论的要点。

导读

我们在 ILO 第 184 号公约第 8.1（b）条中看到，劳动者有权选择安全与健康委员会的代表。工会 / 管理层 HSE 联合委员会能够扮演用人单位合作伙伴的角色，并解决突出问题。

HSE 联合委员会的益处

一个鼓励劳动者和管理层就健康、安全和环境问题进行讨论的委员会是非常有帮助意义的。但是，测量一个好的健康安全委员会的标准，是它能否确保工作条件的改变和改善。一个不作决定的，或者同样的事项重复出现在议程上的委员会，是没有任何帮助的。

构成

此委员会的成员应来自管理层和工会提名的人，重要的是：

- 双方代表人数保持相等，以确保公平性；
- 双方在其会议中享有同等地位。

此委员会的职能

决策过程应由该委员会在成立时达成共识，该委员会的职能可包括：

- 定期监测其工作场所的有害因素。在每次会议之前，该委员会可对工作场所的某个区域进行 HSE 检查，以便在会议上讨论；
- 改进，并为全体劳动力提供健康和安全培训；
- 对健康、安全和环境政策达成共识，并确保其执行；
- 讨论建议实施的、将影响劳动力健康和安全的工作场所和工作条件的改变；
- 调查伤害和健康问题报告以及相关趋势；
- 制定风险评估程序；
- 促进职业健康和安全服务的发展。

会议的频率

会议应经常举行，至少每季度一次，最好每月举行一次，会议不应被不合理地取消。

工会对 HSE 委员会采取的行动

工会应确保：

- 会议日期是事先协议好的，只有经过双方同意才能推迟；
- 有管理健康和安全责任的高级人员承诺出席；
- 指定人员负责行动，并承诺完成日期；
- 及时印发会议记录，妥善展示并公平反映讨论、决定和协议的行动时间表。

活动：成立 HSE 委员会

目标

帮助我们：

- 反复斟酌成立 HSE 委员会的论据；
- 练习谈判技巧。

任务

你们是一群茶园里的劳动者，你们已决定成立一个 HSE 联合委员会。

1. 您需要：

- 选择三个劳动者来代表你们；
- 就你们将向管理层提出的支持 HSE 委员会的主要论据达成共识。

2. 现在，其中三名成员需要自愿担任管理者一职。

3. 三位当选的劳动者和三位管理者现在将开会讨论成立 HSE 委员会。此团体的其余人观察此谈判。

观察此谈判的小组将汇报他们对劳动者陈述的优缺点的看法。

未来战略

活动：下一步

目标

帮助我们：

- 为未来的健康、安全和环境活动制定计划；
- 明确能够采取的措施。

任务

明确本课程结束后，您确定在工作场所要做的三件事，以及什么时候去做；

准备一份关于本课程剩余部分计划的报告。

课程评估

活动：评估

目标

帮助我们：

- 查看本课程目标实现的程度；
- 决定如何改进本课程。

任务

在您的小组内部讨论下列问题：

- 就整个课程而言，不同的课程是否满足您的需求和兴趣？
- 本课程的哪些环节或部分对您最有价值，为什么？
- 您对本课程的哪些环节或部分不感兴趣，为什么？
- 对于未来的课程，您有什么改进建议？
- 您还有其他意见吗？

选出一位发言人汇报。

手册 3　HSE 劳动者代表的健康、安全和环境

目标

手册 3 包含的课程材料将帮助 HSE 劳动者代表：

- 识别问题：其成员面临的主要健康、安全和环境问题；
- 吸引成员参与：通过使他们更加了解健康、安全和环境议题以及工会采取行动的必要性来实现；
- 改善健康和安全：提出识别有害因素、预防风险和改善工作环境的计划；
- 利用信息和相关法律：跟进信息并知道如何有效地利用；
- 落实工作：通过与工会组织合作，并与其用人单位进行有效谈判来实现；
- 发展技能：作为一名 HSE 劳动者代表，有效地开展工作。

导读

关于本章节

本章节将帮助我们：

- 发现我们成员的想法；
- 就课程目标达成共识；
- 探索该课程将如何发挥作用；

- 发现该课程上其他人的更多信息；
- 就此课程指南达成共识。

HSE 劳动者代表

“HSE 劳动者代表”一词能够指代不同类型的代表：

- 将健康、安全和环境工作作为其工作场所工会一般职责一部分的劳动者代表。尽管他们可以作为集体谈判协议的一部分开展 HSE 工作，但根据国家健康和安全法律，他们没有任何权利。这类代表通常是工会成员，并由该工作场所的其他工会成员选举产生。
- 根据国家健康和安全法律，有权在其工作场所履行特定的健康和安全职责的劳动者健康和安全代表（简称安全代表）。这些安全代表是法律授权的，通常由其同事按照健康和安全法律法规的规定选举产生。虽然这些劳动者代表不会自动成为工会成员，但事实上他们通常都是工会成员，因为工会是其工作场所中唯一可信的、有组织的代表劳动者的机构。
- 参加劳动者管理的工作场所健康和安全联合委员会（简称安全委员会）的劳动者代表。这类委员会或可根据国家健康和安全法律依法成立，也可以根据集体谈判协议开展工作。这类劳动者代表，通常由其工作的同事根据健康和安全法或集体谈判协议的规定选举产生。虽然这些劳动者代表不会自动成为工会成员，但事实上他们通常都是工会成员，因为工会是其工作场所中唯一可信的、有组织的代表劳动者的机构。

本手册“HSE 劳动者代表”的概念用来指代上述所有类型的代表。IUF 认为，任何劳动者代表都应该是由其工作场所的工会成员选择或选举产生的工会代表。

获取成员的意见

作为一名 HSE 劳动者代表，您必须有效地代表成员的意见。没有他们的支持，您将变得孤立无援，无法改善工作条件。如果您想得到成员的支持，就必须让 HSE 代表通知并吸引他们参与进来。我们能够通过以下方式实现：

- 听听他们对有害因素和健康损害的看法；

- 让他们相信在风险不明显的地方仍存在危险；
- 让他们意识到工会在 HSE 方面采取行动的益处；
- 明确用人单位维持工作场所的安全和健康的义务；
- 与他们一起工作，通过集体的方式改善工作条件。

为了使本课程对您和您的成员具有相关性与实用性，我们需要在本课程开始前获取成员的意见。

课前活动：成员调查

目标

帮助我们：

- 与成员交谈；
- 获取成员的意见和其他信息；
- 确保本课程与其所处情境相关。

任务

1. 在开始这门课之前，与一些有代表性的成员进行简短的谈论，记下他们对以下问题的回答，并将您的笔记带到课堂上。

- 他们认为自己在工作中面临的主要健康、安全、福利和环境有害因素是什么？
- 他们感到用人单位在保护劳动者的健康、安全和环境方面做了什么？
- 他们认为工会在健康、安全和环境方面做了什么，还能做得更多吗？

2. 尽量获取您认为对本课程有帮助的信息。

例如：

- 您工会的规则手册；
- 关于健康、安全和环境的工会政策；
- 与健康、安全和环境有关的集体谈判协议；
- 由您所属的用人单位制定的文件，例如安全政策、安全工作体系等；
- 联合安全委员会会议记录；
- 政府监督员来访报告（致 HSE 劳动者代表的信或致用人单位的信的副本）；
- 其他任何有用的信息。

我们将在课程的第一天讨论您发现的问题。

活动：课程介绍

目标

帮助我们：

- 了解参加本课程的人员；
- 对本课程目标达成共识。

任务

与另一个人交谈，并在下一页的工作表上做笔记，这样您就能够把他/她介绍给课程中的其他人，您的搭档也要介绍您。请在讨论中使用这些标题：

- 您的姓名；
- 您在工会中的职务；
- 您担任 HSE 劳动者代表多久了；
- 您如何参与健康、安全和环境事务；
- 您为何成为 HSE 劳动者代表；
- 您的工作场所和劳动者数量；
- 您代表的成员数量以及他们的岗位；
- 您的岗位；
- 您以前是否参与过任何健康和安全课程；
- 您希望在本课程中做什么；
- 其他任何有趣的信息。

结对介绍工作表	
用这张表来记录您搭档的工作场所和工会背景。这将帮助您习惯在本课程中记笔记。	
搭档的姓名	______ ______
他们的工会、工会职务、HSE 投入度	______ ______ ______
他们的工作场所、工作岗位、工作场所劳动者人数	______ ______ ______
工会成员信息	______ ______
参加过的其他健康和安全课程（若有）	______ ______
他们为何成为 HSE 劳动者代表	______ ______
他们参加本课程的目的	______ ______
其他有趣的信息	______ ______
在此记录您的研讨会或课程目标	______ ______

关于本课程

我们在工会职务、工作岗位、工作场所、有害因素类型等方面有很大的不同。然而，我们都在这门课程上帮助保护劳动者的健康、安全、福利和环境。您的工会教育者 / 引导者将与您讨论本课程目标和课程的运作方式并达成共识。通过这种方式，我们能够充分利用这个机会来帮助我们的成员。

工作场所有害因素

关于本章节

本章节将帮助我们：

- 识别工作中的有害因素，包括不明显的有害因素，以及工作对环境的影响；
- 获得对风险评估的概念及其可能带来的帮助的介绍；
- 在预防或最小化风险的基础上，制定工会的 HSE 应对方式。

活动：有害因素识别

目标

帮助我们：

- 讨论成员对健康、安全及环境的看法；
- 分享我们自己对健康、安全和环境的看法。

任务

在您的小组中：

1. 讨论成员在课前调查中对健康、安全和环境有害因素的看法；
2. 分享您对您工作场所主要的健康、安全和环境有害因素的看法；
3. 准备一份清单，包括您和您小组的成员识别到的主要的健康、安全和环境有害因素。

选出一位发言人来汇报你们列出的有害因素清单。

有害因素、风险和风险评估

“有害因素”是指任何有可能造成伤害的某种事物，而“风险”则是指被认识到的有害因素造成伤害的可能性。例如，与动力驱动的农业机械有关的有害因素，可能是被转动部件困住或缠住，如果未安装安全保护装置，且劳动者离机器很近，风险可能会很高。然而，如果机械配备适当的安全保护装置，由有胜任力的工作人员定期维护和修理，那么风险就会降低。

根据 ILO《农业中的安全与卫生公约》（第 184 号，2001 年），用人单位有义务进行风险评估。识别有害因素是进行风险评估的第一步。一旦识别了特定的有害因素，就应该对其风险进行评估、描述，然后实施预防和 / 或控制措施，以消除或减少来自该有害因素的风险。

虽然进行风险评估是用人单位的责任，但 HSE 劳动者代表理解风险评估并参与到该过程中是至关重要的。这将有助于确保用人单位履行他们的职责。下文我们会更详细地讨论风险评估的概念。

明显的和隐藏的有害因素

您的成员在不同工作场所发现的有害因素，表明工作场所存在广泛的健康、安全和福利议题，工作场所对环境和周围的社区也有影响，有些有害因素是显而易见的，例如：

- 机械的转动部件；
- 蛇或野生动物；
- 不良的采光；
- 障碍物；
- 火；
- 触电；
- 提举和搬运重物。

可能隐藏的其他有害因素，如对健康造成长期损害的：

- 噪声；

- 压力；
- 农药及其他化学物质；
- 粉尘、有机物、细菌；
- 当地被粉尘和化学物质污染的村庄与城镇；
- 重复性工作；
- 轮班工作；
- 振动。

此外，还有一些重要的议题需要解决，以前您可能没有将这些议题与健康、安全和环境联系在一起，例如：

- 工作的组织方式；
- 单调或设计不良的工作；
- 性骚扰和种族骚扰；
- 女性工作人员集中在特定的工作岗位所面临特定的有害因素；
- 童工和儿童面临的有害因素；
- 欺凌；
- 长时间工作；
- 暴力；
- 人员配置水平；
- 单独工作。

农业是世界上最危险的三大行业之一，农业劳动者面临着各种各样的有害因素，包括以下几个方面。

作物生产和储存中的有害因素，包括在农场或种植园储存收获的作物

这一农业工作部门的有害因素包括：

- 机械性有害因素，如拖拉机、卡车、收割机、切割和钻孔工具；
- 危险化学物质，包括农药和化肥；
- 有毒或变应原，如植物、鲜花和粉尘；

- 致癌物质或药剂，如某些农药；
- 传染病和寄生虫病，如利什曼病、血吸虫病、肝吸虫病、疟疾、破伤风和真菌病；
- 密闭空间，如筒仓、坑、地窖和储罐；
- 噪声和振动；
- 工效学有害因素，包括使用不适当的设备和工具、非自然的身体姿势或长时间的静态姿势、搬运重物、重复性工作和过度的长时间工作；
- 由于天气条件造成的极端温度；
- 接触野生和有毒动物，如昆虫、蜘蛛、蝎子、蛇和某些野生哺乳动物。

家畜养殖中的有害因素，包括畜舍和动物粪便的处理

这一农业工作部门的有害因素包括：

- 机械性有害因素，如拖拉机；
- 危险化学物质，包括抗生素和其他兽医产品；
- 传染性动物疾病，如布鲁菌病、牛结核病、包虫病、兔热病、狂犬病、莱姆病、皮肤癣和李斯特菌病；
- 其他传染病和寄生虫病，如利什曼病、血吸虫病、肝吸虫病、疟疾、破伤风和真菌病；
- 密闭空间，如筒仓、坑、地窖和储罐；
- 噪声和振动；
- 工效学有害因素，包括使用不适当的设备和工具、非自然的身体姿势或长时间的静态姿势、搬运重物、重复性工作和过度的长时间工作；
- 由于天气条件造成的极端温度；
- 直接接触野生和有毒动物，如昆虫、蜘蛛、蝎子、蛇和某些野生哺乳动物。

对环境或社区的有害因素

有害因素也能够影响环境和更广泛的社区，例如：

- 农药、动物粪便和青贮饲料废水污染水源；
- 气味和噪声；

- 当地植物、动物、鱼类和昆虫种群及一些物种的严重损耗。

其他的负面影响，包括气候变化以及农业中使用的化学物质破坏臭氧层，良好的 HSE 管理能够消除或减少许多这样的问题。

工会应对 HSE 的方式

活动：工会应对 HSE 的方式

目标

帮助我们：

- 讨论对健康、安全和环境的态度；
- 开发一种工会应对健康、安全和环境问题的方式。

任务

在您的小组中讨论成员在课前调查中说的内容，以及您自己的观点，以帮助完成下面的任务。

工会教育者或引导者将下列情境陈述分配给小组。讨论这些情境陈述，说明您是否同意，并列出赞成或反对的论据。

1. 把您赞成和反对的观点写在活动挂图上，并把活动挂图挂在墙上。
2. 当您完成时，看看其他组的情境陈述和活动挂图。写下任何您认为应该包含在其他挂图中的补充点。
3. 您的工会教育者将组织一个关于所有情境陈述和活动挂图的讨论来总结这次活动。
4. 讨论结束后，我们将记下工会方法的关键要点。

- 在一家种植园里，劳动者必须定期搬运 50kg 重的捆扎，当 HSE 代表提出员工背部不适的问题时，用人单位会建议劳动者参加培训课程，学习如何正确地提举重物。
- “现在有了新的 ILO《健康和安全公约》，就不需要工会了，因为健康和安全受到国际标准的保护。”
- 健康与安全委员会主席建议采取新的措施来减少事故。如果事故发生率降低，将向劳动者提供奖励和奖金。劳动者违反健康和安全规定将受到处罚。
- “对工会来说，农业中的环境议题不如健康和安全条件重要。”

政府及其义务

工会认为，政府在保护劳动者健康方面可发挥关键作用，政府应该：

- 批准 ILO《农业中的安全与卫生公约》（第 184 号，2001 年）；
- 与工会和用人单位磋商，制定关于健康、安全和环境的协调一致的国家政策；
- 作为最低要求，在 ILO《农业中的安全与卫生公约》（第 184 号，2001 年）的基础上，通过相关法律；
- 建立一个资源充足的监督机构来执行农业安全与健康的相关法律。

用人单位及其义务

用人单位负有保护劳动者和其他人的健康、安全和福利的主要法律责任。在许多国家，用人单位不遵守卫生、安全和环境条例可能会受到刑事制裁。工会认为，造成死亡、受伤和健康损害的原因是用人单位未能提供安全和健康的工作环境。用人单位应做到：

- 在问题发生前，工作环境的有害因素得到了识别、风险评估、消除或控制；
- 针对工作环境及早采取措施，预防伤害；
- 安全工作系统；
- 按照劳动者需求，调整其工作场所；
- 向劳动者及其工会提供充分的信息，并与其磋商；
- 良好的健康和安全培训项目；
- 为劳动者提供机会，使之能够通过工会，就集体协议中的健康和安全条款进行谈判，并能够积极参与健康和安全事务；
- 制定政策，以解决工作对更广泛的环境的影响。

工会与健康、安全和环境

提高健康、安全和环境标准的最佳途径是通过有效的工会组织。工会可以提高人们的意识，向用人单位施加压力，并通过谈判改进。

以 ILO 第 184 号公约为基础的全面立法、更多的健康和安全监督员以及更严格的执法显然将大大改善许多国家的情况。但是，即使有了这些改进，强大的工会组织仍然至关重要，它能确保用人单位预防在劳动者和更广泛的社区中发生的受伤、健康损害和死亡。

地方工会及其成员的主要工作之一就是确保用人单位履行其职责，实现这一目标的方法包括：

- 建立一个强大的会员关系；
- 选举 HSE 劳动者代表；
- 组织健康、安全和环境活动；
- 提供工会 HSE 服务。

（我们将在本章稍后考虑这些议题。）

劳动者与 HSE

发生意外时用人单位可能会倾向归咎于“粗心的员工”，工会在提高劳动者的安全意识方面发挥了作用，但不能仅仅通过提高劳动者的安全意识来杜绝事故的发生：

- 并非所有的有害因素和随之而来的风险都是显而易见的，尤其是健康损害的滞后效应；
- 劳动者可能并没有得到适当的培训或告知；
- 压力、疲劳和恶劣的条件都能够导致更多事故的发生；
- 劳动者也是人，他们不可能时刻保持百分之百的警惕。

作为一名 HSE 劳动者代表，您要对成员和工会负责。您的部分工作是鼓励成员对工会的工作更感兴趣，并支持工会为改善健康、安全和环境所做的努力。但是，工会坚信问题在于所接触的有害因素而非劳动者，因此，用人单位应该通过以下措施来减少事故和健康损害：

- 识别有害因素；
- 评估风险；
- 通过消除、替代和预防或控制手段，从有害因素产生的源头应对此风险；
- 有效地管理健康、安全和环境。

ILO《农业中的安全与卫生公约》（第 184 号，2001 年）的第 8.1（c）条规定，在存在严重和即刻的风险时，劳动者有权远离危险，并且不会因这些行为而受到惩罚。但是劳动者也有一些义务要履行，包括：

- 遵守健康、安全和环境法规；
- 以不危及自身和他人安全的方式开展工作；
- 参加健康、安全和环境相关培训；
- 在必要时使用 HSE 设备，包括合适的个人防护用品（PPE）；
- 报告危险的情境。

重要的是，如果我们要求用人单位履行他们的义务，劳动者也要履行被赋予他们的适当义务。在许多工作场所，如果劳动者拒绝遵守健康、安全和环境法规，用人单位可能会予以处罚，政府也可能会予以法律制裁。

自雇劳动者（个体工商户）

在一些国家，自雇劳动者有责任关注自己的 HSE，并确保他们的工作活动不会给他人和环境带来 HSE 方面的问题。

平等机会与 HSE

公平、正义、平等、团结是工会思想的指导原则。无论是长期工、短期工或临时工，他们的需求和经验都会受到种族、阶级、性别、年龄、性取向、宗教、国籍、语言和残疾等许多因素的影响。成员应得到平等对待，并能够积极和客观地反映其个人的需要和问题。

对劳动者的这些需求保持敏感度，帮助促进工作机会平等，特别是在健康、安全和环境方面，这是 HSE 劳动者代表工作的一部分。歧视会造成隔阂，还会导致健康损害。

环境

健康和安全往往与更广泛的环境相关，例如，农业劳动者往往生活和工作在相同的环境中，对他 / 她来说，职业健康和一般健康的关系比工厂劳动者更密切。农业工作最显著的特点之一，在于其是在工作和生活没有明确区分的农村环境中进行的。许多居住在工作地点的劳动者和他们的家人面临着额外的危险，例如，接触水中、空气中、受污染的土壤中的农药和其他农用化学物质，以及食用农产品中的残留物。

正如我们在第 65 页看到的，有害因素也能够影响其环境和更广泛的社区。

全球经济

国际市场和跨国公司的大规模扩张对健康、安全和环境都有重大影响。同一家用人单位，在某个国家能够为劳动者提供的标准可能比在其他国家的更好或更差。工会需要在国际层面、国家层面和地方层面采取行动。

检查表：工会应对 HSE 的方式

工会在健康、安全和环境方面采取行动的一些关键原则包括：

- 识别有害因素，消除或减少对劳动者的风险，而不是期望劳动者适应其所面临的风险；
- 确保隐性健康有害因素、环境有害因素及工作组织所致的风险以及更显而易见的安全风险都得到了处理；
- 考虑工作活动对其工作环境的影响，以及给当地社区带来的风险，并采取适当的行动；
- 吸引成员参与，并予以告知和教育，确保通过一项识别有害因素和应对风险的劳动者议程；
- 采取 HSE 机会均等的方法；
- 在各级工会中作为统一的单位工作，HSE 和其他工会议题没有什么不同；
- 向用人单位施压，使其履行识别有害因素、避免风险或从源头遏制风险的义务；
- 向政府和用人单位施压，要求它们接受和执行核心劳工标准，特别是 ILO《农业中的安全与卫生公约》（第 184 号，2001 年）；
- 利用该法律来帮助提高相关标准；
- 提高农业健康、安全和环境标准，以促进可持续农业的发展。

HSE 的工会组织

关于本章节

本章节将帮助我们：

- 确定并实践 HSE 劳动者代表的工作；
- 吸引工会成员参与 HSE；
- 改善 HSE 的工会组织。

我们已经回顾了农业劳动者所面临的有害因素和相应的风险，也已考虑了工会应对 HSE 的方式。如果我们作为工会能有效地组织工作，就更有可能取得成功，并提高健康和安全标准。本章节的所有内容都是关于如何组织的。

活动：在工作场所组织工作

目标

帮助我们：

- 分享在工作场所的工会组织的经验；
- 提供改进的思路。

任务

在工作场所小组中讨论以下几点，并提供总结报告：

- 工作场所中工作的人数，以及参加工会的比例；
- 工会让成员知晓和参与 HSE 的方式；
- HSE 劳动者代表是否对健康、安全和环境负有特殊责任；
- HSE 劳动者代表在健康、安全和环境事宜上的合作和协调方式；
- 用人单位对健康、安全和环境的管理结构。

选出一名发言人汇报。

工会与 HSE

许多工会都确保健康、安全和环境是其活动的基本组成部分，并与其他工会活动相联系。工会处理的许多议题对健康和安全都有影响：

- 纪律：用人单位通常将违反安全程序视为严重违纪行为；
- 机会平等：整个一系列的关切都涉及劳动者的健康和安全，例如，性骚扰造成的压力和健康损害；

- 工资：采用某些支付方式，例如按结果支付，可能会对健康和安全标准产生负面影响；
- 工作组织：能够对劳动者的健康和安全产生重要影响。例如，工作时间长短及其对健康和事故发生率的影响、工作节奏导致的肌肉骨骼问题，以及人员配置水平减少所带来的压力。

事实上，要牢记大多数就业条款和条件都需要考虑到健康、安全和环境。

工会组织的 HSE

以下列出了良好的工会组织在健康、安全和环境方面所必需的一些关键要素。

获得成员的支持

如果没有成员的支持，HSE 劳动者代表将会变得孤立，很难把事情做好。如果用人单位知道劳动者得到充分告知、积极和全面参与工会活动，他们就更有可能采取行动。

HSE 劳动者代表

一名 HSE 劳动者代表需要在处理健康、安全和环境方面发挥明确的作用。他 / 她可能是已有代表，在其职责之外增加健康和安全职能；或专门选出处理健康、安全和环境议题的代表；或联合 HSE 委员会的劳动者代表（如上所述）。在一些国家，工会还任命辖区或巡查安全代表来保护小型工作场所的成员（见本书附录）。

来自工会的支持

高级工会代表和全职工会官员至关重要，他们能够为当地 HSE 劳动者代表提供支持，各方必须充分告知彼此，用人单位必须知道当地 HSE 劳动者代表得到其工会的全力支持。

HSE 劳动者代表之间的联络

当一个工作场所有一名以上的 HSE 劳动者代表时，他们必须密切联系。他们能够分享经验，规划短期和长期策略，在处理管理问题时能够互相支持。

让管理层采取行动

一些用人单位在健康和安全方面组织得很好，但许多用人单位则与之相反。一个强大的工会组织能够确保用人单位即使不情愿，也能在健康、安全和环境方面采取行动。特殊安全程序、安全政策、申诉程序、带有 HSE 条款的集体谈判协议、联合安全委员会，这些都有助于达成目标。

工会 HSE 服务

为了确保健康、安全和环境是优先考虑的，许多 IUF 附属工会：

- 向成员提供 HSE 信息。
- 在地方、区域和国家层面设立专门的工会 HSE 委员会，例如，坦桑尼亚种植园和农业劳动者工会章程容许在所有场地 / 工作场所的分支机构成立 HSE 委员会。
- 确保政策制定涵盖 HSE。
- 利用期刊、新闻稿、录像带、光盘、广播和电视节目宣传工会的 HSE 政策。
- 开展 HSE 培训和教育项目，可以包括以下课程：
  - 联合教育技术和 HSE 技术方面的教育者 / 引导者，以提供能够开展成员课程和研究小组的教育者 / 引导者库；
  - 一般成员培训 / 增强意识；
  - 女性工作者；
  - 工会官员、国家 HSE 委员会成员和分支机构官员；
  - HSE 劳动者代表。

现在我们将更详细地考虑其中一些组织因素。

HSE 劳动者代表

活动：HSE 劳动者代表的工作

目的

帮助我们：

- 分享处理健康、安全和环境议题的经验；
- 确定 HSE 劳动者代表的工作。

任务

在您的小组中讨论：

- 您是否有专门的 HSE 劳动者代表，或者是否现有工会代表在承担其他职责的同时承担健康、安全和环境职责？
- 您和其他 HSE 劳动者代表在工作场所扮演什么角色？
- HSE 劳动者代表的主要工作，主要基于小组成员的经验或您对其工作内容的想法。
- 您需要什么技能来做这份工作？

选出一位发言人汇报。

HSE 代表和劳动者的法律支持

ILO《农业中的安全与卫生公约》（第 184 号，2001 年）第 8.1 条规定劳动者享有以下几项重要权利：

- 就安全和健康事宜获得告知和磋商；
- 平等参与制定安全和健康措施；
- 选择安全和健康代表，以及安全委员会成员；
- 在存在严重和即刻的风险时使自己脱离危险，并且不会因这些行为而受到惩罚。

一些国家有针对 HSE 劳动者安全代表和安全委员会的法律规定，其权利因起草法律的方式而异，例如，在某些国家：

- 工会已赢得了提名、选举和任命 HSE 劳动者代表和委员会成员的权利；
- 工会有权任命巡查安全代表，他们能够前往有工会成员但没有自己的 HSE 劳动者代表的较小工作场所；
- HSE 劳动者代表和委员会成员的法律权力已扩大到涵盖工作场所对周围环境的影响。

然而，许多国家在农业上未授予 HSE 劳动者代表和委员会的合法权利，造成这种情况的原因多种多样，例如：

- 可能没有关于 HSE 劳动者代表的法律，或者农业可能被排除在 HSE 立法之外；
- 农场的劳动者人数太少，用人单位没有设立 HSE 劳动者代表和委员会的法律要求。

在这些情况下，许多 IUF 附属工会将 HSE 作为与用人单位谈判的集体谈判协议（Collective Bargaining Agreements， CBAs）的一个内在组成部分。CBAs 可以包含工会和劳动者实质性的 HSE 权利。

专职 HSE 劳动者代表

您的工会通常会有关于是否应该有专职 HSE 劳动者代表的政策。如果您是这样做的，或者如果工会代表在处理其他职能之余开展健康、安全和环境工作，该工作将基本相同。

HSE 工作包含什么

这个问题的答案取决于：

- 您的工作场所；
- 您工作场所的有害因素；
- 您的成员如何看待健康、安全和环境；
- 您的工会组织；
- 您的管理层对健康和安全的态度。

您可能讨论过的一些工作包括：

- 与成员交流，并与管理层一起处理他们的抱怨；
- 就其优先事项吸引成员参与，予以告知和磋商，并就应对风险的策略达成共识；
- 与您的成员和其他劳动者代表密切合作；
- 收集和发布 HSE 信息；
- 定期系统地检查工作场所的 HSE 问题；
- 通过调查的方式找出健康和安全问题；
- 识别有害因素，研究和应对其所致风险；
- 研究事故、健康损害和险情；
- 检查您的用人单位是否遵守健康和安全要求；
- 与管理层进行磋商和谈判；
- 在 HSE 联合委员会任职；
- 跟进问题并确保采取措施解决问题；
- 与政府健康和安全监督员交流；
- 与其他组织建立合作关系，例如，农药行动小组。

您和谁打交道

这将取决于多种因素，但与您打交道的人将包括：

- 工会成员；
- 其他劳动者；
- 其他 HSE 劳动者代表；
- 其他工会代表；
- 监管者；
- 管理者；
- 健康和安全顾问；
- 工会官员；
- 政府健康和安全监督员。

您对谁负责

工会成员

您的工会成员选举您成为 HSE 劳动者代表，您的岗位就是代表他们。非工会成员的劳动者会看到您的行动带来的益处，并且可能更倾向于加入工会。工会成员有责任接受多数人的决定并在现有工会政策范围内工作。

工会

您的工会任命您，您需要在现行工会政策范围内工作。当然，政策在不断发展，您在未来政策的制定中可以发挥作用，您还需要与其他工会代表密切合作。

用人单位

为了能够改善成员的健康和安全，您需要与用人单位建立工作联系。如果您能以建设性的方式与管理层建立联系并相互尊重，则更容易实现改进。但是，工会有责任挑战不保护劳动者健康和安全以及环境的用人单位。

农业巡查安全代表

许多分散在广阔地理距离的农业企业往往雇佣少量劳动者，难以安排正常的健康和安全代表。在一些国家，例如瑞典，引入了外部劳动者代表计划。这些巡查或区域性代表会巡视特定地区的农业企业。他们是劳动者健康和安全利益的代表，能够进入和参观农业工作场所（见附录）。

技能

作为 HSE 劳动者代表，您需要掌握许多技能，其中的一些技能您可能已经掌握。以下的工作表列出了您能够在此研讨会 / 课程中练习的一些技能。

明确：

- 您觉得有信心的技能；
- 您想要开发的技能；
- 任何您想增加的其他技能。

技能工作表		
HSE 劳动者代表的技能 （将其他您明确的技能添加到表中）	想要开发	感觉有信心
记笔记		
保存文件和记录		
参加会议		
作口头报告		
使用系统方法		
检查工作场所有害因素		
交流技能		
写信和监督报告表		
与管理层谈判		
确定优先事项和行动计划		
使用互联网查找信息		
研究技能		
领导技能		
游说技能		

健康、安全和环境联合委员会

导读

劳动者 / 工会—管理层 HSE 联合委员会能够扮演用人单位的合作伙伴，并解决问题。然而，最重要的是健康、安全和环境活动不仅限于此委员会。

HSE 劳动者代表需要决定他们是否需要一个劳动者 / 工会—管理层 HSE 联合委员会以及它应该如何运作，然后再与其用人单位联系。在一些国家，工会已成立了工会健康和安全委员会，能够就政策问题作出决定，例如，坦桑尼亚种植园和农业劳动者工会的章程容许在所有场地 / 工作场所分支机构组建工会 HSE 委员会。

工会可能希望将劳动者 / 工会—管理层 HSE 联合委员会的成员资格、章程和职能纳入集体谈判协议。

活动：健康、安全和环境联合委员会

目的

帮助我们：

- 反复斟酌健康、安全和环境联合委员会的益处；
- 决定谁应该参加，以及应该做什么。

任务

在您的小组中讨论如何组建劳动者 / 工会—管理层健康、安全和环境联合委员会，在讨论中包括：

- 组建委员会的利弊？
- 谁应该参加？
- 它应该做什么？
- 多久开一次会？

选出一位发言人进行汇报，说出小组讨论的核心要点。

健康、安全和环境联合委员会的益处

一个鼓励HSE劳动者代表/劳动者与管理层就HSE开展讨论的委员会是非常有帮助的。但是衡量一个劳动者/工会–管理层HSE联合委员会好与不好的标准是它是否能够确保工作条件的改变和改善。一个不作决定的委员会，或者同样的议题在议程上一次又一次地出现是毫无用处的。

谁应该参加此委员会

该检查表中列出了一些您可能已经讨论过的关键点，添加您想到的其他重点。

检查表

√ HSE劳动者代表和管理层代表席位至少应平等；

√ 管理层代表应具有决策权和财务权；

√ 使用达成一致的健康、安全和环境专家；

√ 选举出负责的HSE劳动者代表，以向其他工会代表和成员汇报；

√ 主席的角色应该轮值。

此委员会的职能

决策过程应在委员会成立时共同达成一致，此委员会的职能将包括：

- 调查伤害和健康损害报告以及相关趋势；
- 接受监督报告；
- 制定风险评估程序；
- 确定提供职业健康和安全服务的类型；
- 审查信息、培训、与劳动者的沟通；
- 制定新的政策和安全工作体系；
- 制定环境政策；
- 检查集体谈判协议的执行情况；

- 讨论工作变更以及建筑物、设备与流程的新计划；
- 监测和追踪。

开会频率

会议应经常举行，至少每季度一次，但最好每月一次，会议不应被取消。

活动：在劳动者 / 工会 – 管理层 HSE 联合委员会进行谈判

目的

帮助我们：

- 练习谈判技能；
- 富有成效地利用 HSE 联合委员会。

任务

将小组分为三部分，扮演一个由管理层、HSE 劳动者代表和观察员组成的安全委员会。工会方将决定他们想与管理层讨论的、需优先控制的风险，在他们通知管理层后，将给予其充分的准备时间，然后进行谈判。

观察员将反馈工会表现的优缺点。

与我们的成员一起工作

活动：成员的支持

目的

帮助我们：

讨论如何吸引我们的成员参与；

提出增加成员支持的新思路。

任务

在您的小组中：

- 列出您目前在健康、安全和环境方面磋商、吸引和告知您成员的方式；
- 找出能够改善与成员交流的方法。

选出一位发言人汇报。

吸引成员参与

围绕健康、安全和环境问题来组织我们的成员，能够有助于建立一个强大的工会。成员们非常关心自己、同事和更广泛的社区中人们的健康。但通常健康、安全和环境方面的有害因素可能不是采取行动的优先事项。劳动者可能还有其他最重要的关切，例如有足以谋生的工资和足够的食物。可能还有人会接受将有害因素作为岗位的一部分，对隐藏的有害因素和随之而来的风险没有意识，感受到岗位保障最优先，或者不相信他们的工会能够有效地应对其风险。

我们需要根据成员存在的兴趣建立兴趣组织，并唤醒不存在的兴趣。拥有知情、感兴趣和吸引进来的成员关系，工会能够成为保护他们的健康、安全和福利的有效工具。我们必须从一开始就吸引成员参与识别工作中的有害因素。

小组将讨论我们努力确保吸引成员参与，并获得他们支持的多种方式。请查看下面的检查表并添加小组的任何其他想法。

检查表

√ 使用告示板和时事通信对您的会员进行告知；

√ 利用当地发起的活动，如舞蹈、戏剧和歌曲；

√ 传播您从工会和 IUF 收到的健康、安全和环境信息；

√ 通过您的工作场所 HSE 检查，吸引成员参与识别有害因素；

√ 使用身体图谱（见下文）来确认成员和劳动者正在遭受的健康损害；

√ 使用危害图谱（见下文）来识别可能正在导致成员健康损害的有害因素；

√ 使用“您的世界”图谱（见下文）来确认工作对成员工作之外生活的影响；

√ 与成员磋商确定优先解决的问题和战略；

√ 花时间与成员交流，尤其是如果他们不相信工会解决 HSE 的方法；

√ 与成员定期举行会议，保持对成员进行告知；

√ 确保成员知道您在健康、安全和环境问题方面做了什么，以及用人单位的回应是什么；

√ 会议结束后都要反馈，并与您的成员决定下一步如何做。

查明成员更多的想法

HSE 劳动者代表可以发起倡议活动，进而发现针对我们工作场所和成员的新信息，然后我们可以利用这些信息来谈判改善我们的工作条件。为了做到这一点，我们可以使用很多不同的技术，这些技术都涉及观察工作场所，要倾听劳动者的意见，并重视他们的意见。

危害识别技术

这些技术包括：

- 身体图谱（见下文）；
- 危害图谱（见下文）；
- 在进行 HSE 检查时吸引成员参与；
- 健康调查；
- “您的世界”图谱（见下文）；
- 在会议和非正式讨论中交流信息。

身体图谱

活动：身体图谱

目的

帮助我们：

- 练习使用身体图谱来识别健康损害的症状；
- 准备与工会成员使用身体图谱。

任务

教育者/引导者将在海报上绘制一些身体图谱，并安排做类似工作的参与者组成小组。

在您的小组中：

1. 每位参与者都应在身体图谱上标记（X），以显示自身或其他人在其工作场所中出现的任何健康受损的症状。

2. 您能够用不同的颜色来识别不同的症状，例如：

X 各种各样的病痛：蓝色；

X 呼吸困难、咳嗽：黑色；

X 压力相关疾病：绿色；

X 任何其他问题，如皮疹、流鼻涕、流眼泪、头晕、生殖障碍等：红色。

3. 在使用X时，简要解释为什么将X放在该具体位置；

4. 确保小组中有人简要记录围绕身体图谱说的内容，并能够汇报您的观点；教育者/引导者之后将组织一次简短的讨论以分享您的想法。

引入身体图谱

识别工作场所潜在的健康问题是很难的。全球目前正在被许多工会所推荐的一项技术是“身体图谱”，例如，加纳工会大会（the Trades Union Congress-Ghana，TUC）的通用农业工会已经与学习研讨会的引导者一起成功使用“身体图谱”识别健康问题。

身体图谱是一种识别具体工作场所中劳动者健康问题常见模式的方法，这些劳动者通常从事相同或相似的工作岗位。当不确定任何此类常见的小病与工作相关时，身体图谱突出了需要进一步调查的区域。

身体图谱：

- 提供了一种简单有效的方法，来鼓励劳动者说出并报告他们遭受的健康损害的症状；
- 促进集体行动，建立工会组织；
- 确定特定工作场所或从事相同工作的劳动者之间常见健康问题的模式；
- 强调需要进一步调查和行动的领域。

如何绘制身体图谱

您将需要什么

正面和背面的身体轮廓（您能自己画这些）；

每个成员使用的小型身体图谱，或多个成员使用的大型身体图谱；

笔（不同颜色的笔能够有所帮助），以便成员能够在身体图谱上标记他们的所有症状。

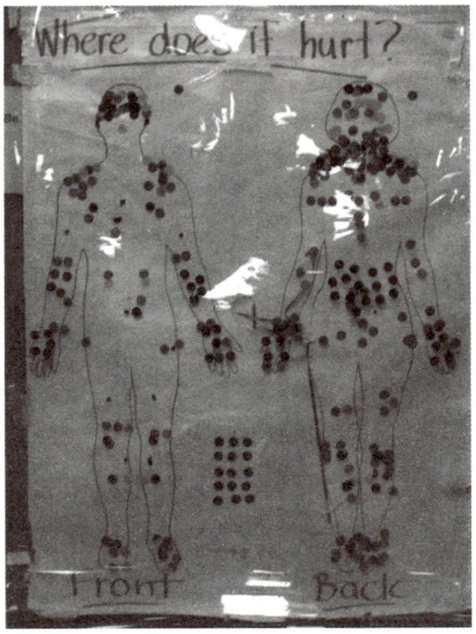

图片：由英国商店分销和联合劳动者工会（the Union of Shop, Distributive and Allied Workers，UK）提供。

组织课堂

- 和一群经常从事相同或类似岗位的成员聚在一起。
- 解释您打算做什么，并强调他们的个人信息是保密的。

• 要求他们在身体图谱上标注（X），以显示他们或其他人在工作场所出现的任何健康损害症状。如果您有不同颜色的笔，可有助于用不同颜色来识别不同的症状，例如：

X 各种各样的病痛：蓝色；

X 呼吸困难、咳嗽：黑色；

X 压力相关疾病：绿色；

X 任何其他问题，如皮疹、流鼻涕、流眼泪、头晕、生殖障碍等：红色。

保持始终做记录

当成员使用此贴纸 / 标记时，请他们简要解释为什么要把它放在此特定的地方。记下他们围绕身体图谱说了什么，以及说这些话的人数。

与成员讨论发现

与您的成员讨论调查结果和任何常见的模式。成员报告相同症状的次数越多，他们所做的工作就越有可能受到责罚。

计划下一步工作

一旦和您的成员确定了症状，接下来您就需要确定可能导致症状的有害因素（请参阅下面的“危害图谱”）。

危害图谱

活动：危害图谱

目的

帮助我们：

• 识别要优先解决的有害因素；

• 讨论这些有害因素的潜在风险；

• 制定应对风险的计划。

任务

在您的小组中：

• 绘制一个大家都熟悉的典型工作活动 / 工作场所；

- 在图谱中放置尽可能多的细节：人、工具、材料、化学物质；
- 完成绘图后，在图谱上用笔（如果有可能的话涂上颜色）标记有害因素；
- 确保小组中有人简要记录围绕身体图谱说的内容。

工会教育者之后将组织一次简短的讨论，分享您对图谱的想法，并讨论您已识别的有害因素和潜在的风险。

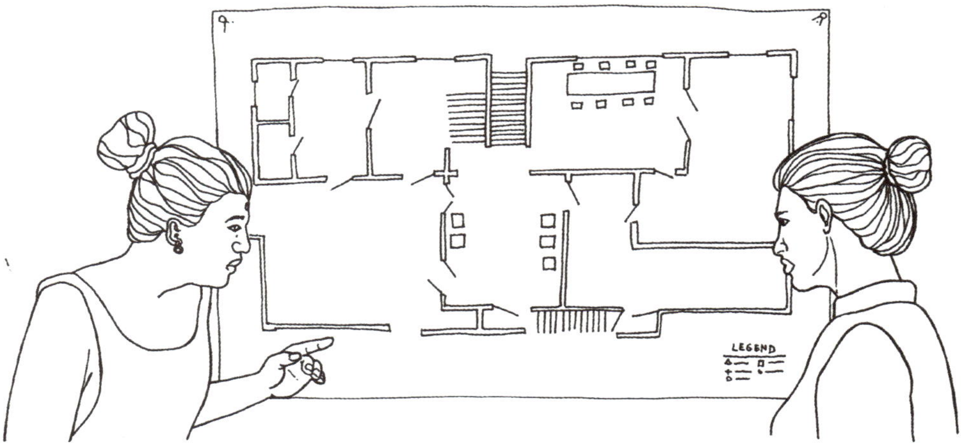

引入危害图谱

在与成员开展身体图谱活动之后，我们可以进一步使用示图技术来调查更多问题。其中一种技术称为“危害图谱”，它将有助于识别有害因素并确定我们最优先想要解决的风险。在危害图谱中，能够使用工作场所的粗略地图（还包括生活环境，如果其在工作环境附近或属于工作场所的一部分，例如种植园）来突出存在问题的位置。与身体图谱一样，危害图谱是一种讨论工作场所有害因素和健康损害的可视化方式。

如何绘制危害图谱

您需要什么

- 一张在大图纸上的工作场所简略平面图 / 地图。您能够在课程中绘制此图并带回工作场所（您可与您的成员一起检查，看看是否需要添加什么内容）。如果您的成员在其岗位中需要到处走动，您应该在平面图中尝试详细说明这一点。
- 身体图谱的结果。
- 笔，以便成员们能够在该图谱上标出有害因素。

组织课堂

- 来自特定工作区域的成员聚在一起，并解释您打算做什么。
- 要求成员在地图 / 平面图上用笔指出有害因素，并解释为什么将这些有害因素纳入，其风险是什么。
- 该图还应包括对劳动者所在的位置的确认。
- HSE 劳动者代表应记录成员围绕危害图谱所说的内容。
- 随后与成员讨论调查结果，能够确定常见的危害模式。标记多的地方意味着可能存在需要解决的问题。
- 可以从身体图谱的结果中建立与健康损害的联系。
- 应该让成员有机会反复斟酌和影响优先事项（见下面的工作表）。

有害因素示例

- 物理性有害因素：噪声、辐射、振动、温度；
- 化学性有害因素：农药、粉尘、柴油机尾气；
- 生物性有害因素：传染病、细菌、体液；
- 工作设计有害因素：工效学有害因素、独自工作；
- 压力性有害因素：工作负荷、骚扰、歧视、轮班作业。

计划下一步工作

一旦 HSE 劳动者代表和成员确定了要优先控制的有害因素，就能够讨论其原因、效应和行动。

风险优先控制次序工作表：成员们怎么想？			
有害因素和风险	原因	效应	能够做什么

“您的世界”图谱

引入“您的世界”图谱

“您的世界”图谱着眼于工作如何影响我们工作场所以外的生活。该工具能够有助于确定优先采取行动的事项，因为与工作相关的健康损害会对劳动者及其家人和朋友的生活产生巨大影响。

恶劣的工作条件能够影响劳动者的生活环境，因为许多劳动者的工作和生活环境是相同的。这意味着职业有害因素以及工作场所周围的物理环境有害因素会对劳动者及其家人和社区中的其他人产生有害效应。

示例：农业工作中的农药

在喷洒农药时，劳动者会以多种方式接触有毒化学物质：

- 会在喷洒过程中和喷洒后吸入化学物质；
- 这些化学物质会通过皮肤被吸收；
- 如果劳动者在进食、喝水或吸烟前未洗手，或者饮用水被化学物质污染，他们就会经胃肠摄入这些化学物质。

劳动者的家属也会以多种方式发生接触：

- 吸入残留在空气中的农药；
- 饮用被污染的水；
- 接触劳动者衣服上可能存在的残留物。

社区中的其他人也会以同样的方式接触到有毒物质。当化学物质被土壤吸收或渗入地下水时，对自然环境的不利影响将是永久性的。

如何对“您的世界”作图谱

您需要提供：

- 一张大的活动挂图，中间画有一个人体的图像；
- 之前绘图活动的结果；

- 笔，使成员可以简单地描绘健康和安全问题如何影响他们工作之外的“世界”。

1. 把来自特定工作区域的成员聚集在一起，并解释您打算做什么；

2. 要求成员大致描绘出工作影响到的人或活动，例如，画一条河，因为它受到了农药污染，饮用不安全；

3. 当成员绘出图画，并将图画与他们身体的图像联系起来时，请他们简要解释他们在画什么以及为什么画，在图谱的边缘做笔记；

4. 与成员讨论其发现，这能够识别常见模式，且可能有助于确定要最优先解决的问题。

如果有时间，尝试与您的成员使用这个技术。

检查工作场所的 HSE（有时被称为监督）

导读

工作场所检查是指我们对工作场所条件进行系统和详细的检查，在某些情况下，包括劳动者的生活环境，可能还包括其家庭的生活环境。我们或可检查：

- 定期确保用人单位遵守相关法律；
- 跟着工作操作规程的改变而改变；
- 因为已经购买了新设备；
- 因为工作场所所使用物品有新信息。例如，新信息表明农药比最初想象的更有害。

活动：工作场所检查（监督）

目的

帮助我们：

- 思考为何 HSE 检查对 HSE 劳动者代表的工作很重要；
- 利用 HSE 检查吸引成员参与进来。

任务

在您的小组中讨论工作场所 HSE 检查的重要性，特别是：

- 为何您需要开展 HSE 检查；
- 您应该检查什么；

- 您应该什么时候检查；
- 您如何能够吸引成员参与。

选出发言人进行汇报。

对工作场所进行检查的背景

HSE劳动者代表工作岗位的一个重要部分是对其工作场所进行定期HSE检查，这让HSE劳动者代表能够系统地监测劳动者的健康、安全和环境。HSE检查容许HSE劳动者代表认真考虑工作场所、工作组织、人员和信息。HSE劳动者代表随后向用人单位报告，概括用人单位在健康、安全和环境体系中的任何缺陷。需要记住的是，管理健康和安全是用人单位的工作。HSE检查是我们监督他们是否适当管理的方法之一。如果他们做得不适当，那么我们能够以书面形式提请他们注意，并确保他们随后采取补救措施以解决此问题。

应该多久开展一次工作场所检查？

根据工作场所的类型及有害因素，HSE劳动者代表应定期检查工作场所。例如，如果有很多有害因素，则每个月开展一次；对于风险较低的工作场所，可能每三个月一次。如果工作场所经常发生变化，那么您可能需要每天或每周检查一次。

在没有法定权利的情况下，我们应该与用人单位达成协议，在工作时间内进行HSE检查（有关集体谈判协议的更多信息，请参见下文）。

为什么要对工作场所进行检查？预防胜于治疗！

以下是进行工作场所检查的一些原因。请添加您认为相关的，或从您的小组工作中得出的其他原因。

发现有害因素

对工作的某个方面或工作场所的某一部分进行系统检查，可能会发现用人单位需要补救的问题，例如：

- 隐藏的健康有害因素；

- 特定岗位必须遵循的工作方法所存在的问题；
- 经济问题；
- 只有做这项工作的人员才会意识到的一些方面。

与工会成员、管理层以及其他工会代表交谈

工作场所 HSE 检查让您有机会私下与成员谈论他们工作的健康和安全方面的问题，并让成员和其他劳动者看到其工会的行动。最重要的是吸引我们的成员参与工作场所检查的各个阶段：

- 在我们进行 HSE 检查之前查明他们的问题和抱怨；
- 在 HSE 检查期间与他们交谈；
- 在 HSE 检查之后向他们反馈报告。

HSE 检查也可使您与其他的工会劳动者代表取得直接联系。如果管理者在 HSE 检查期间在场，您就有机会在成员在场的情况下以一种确实的方式讨论具体问题，而不是稍后再尝试解释问题。

检查是否符合标准

在工作场所检查期间，您可以确定：

- 是否应用了法律标准或制造商的建议；
- 用人单位的健康、安全和环境政策是否得到遵守；
- 管理层是否已经实施了商定的或计划的变更或改进；
- 用人单位是否遵守集体谈判协议；
- 是否正在适当地进行风险评估；
- 是否正在避免、预防或控制风险；
- 是否执行了政府卫生和安全监督员要求的标准。

健康、安全和环境检查类型

您可以使用几种类型的健康、安全和环境检查，包括：

- 对工作区域的一般检查；
- 对家庭环境或工作场所的社区区域的一般检查；

- 对工作某一方面的特殊检查；
- 事故检查；
- 文件或信息检查。

一般健康、安全和环境检查

一般的健康、安全和环境检查应该是例行的、有计划的，检查工作条件并将它们与您认为应该适用的标准进行比较。您可以使用工会指南、与用人单位达成一致的标准、法律标准或其他来源（比如 ILO）的标准。

您应该确保您的检查能解决所有成员所经历的健康、安全和环境问题。此外，您还需要考虑那些不是固定在一个工作场所的成员，例如，考虑一下种植园里独自工作的劳动者的风险。除了识别有害因素和随之而来的风险，您还应该考虑健康和安全程序，并与成员讨论是否遵循这些程序。

您每次都查看相同的事宜时，尽量不容许一般 HSE 检查成为一项例行公事，您能够通过以下方式防范：

- 仔细规划不同类型的检查；
- 变换此检查的重点；
- 经常与您的成员交谈。

对生活环境进行全面检查

许多农业劳动者住在他们工作的地方——种植园和农场，因此，他们的工作环境和生活条件是密不可分的。同样，劳动者的家属通常住在农场和种植园或附近。他们可能在无意识的情况下被接触在与劳动者类似的风险中，并因此生病。

重要的是在这些情况下，工会要关心：

- 其成员及其家人的居住条件；
- 工作环境对其家庭的影响。

工会应确保用人单位将 HSE 议题从工作范围扩展到这类劳动者及其家庭 / 社区的生活场所。

检查表：生活环境

这是一些需要检查的关键点：

√ 集体谈判协议上关于劳动者 / 家庭合理的工作制度安排是如何规定的?

√ 集体谈判协议上关于保护社区免受来自其工作环境中的风险是如何规定的?

√ 此集体谈判协议需要改进吗?

√ 关于合理的工作制度安排，用人单位的 HSE 政策是如何规定的?

√ 保护其社区免受职业有害因素的损害，用人单位的 HSE 政策是如何规定的?

√ 如果政策或集体谈判协议中没有关于这些议题的规定，实际是如何操作的?

√ 谁来确保劳动者的居住条件是安全的?

√ 工会参与影响农场 / 种植园的住房和生活环境的决定吗?

√ 有什么设施可用?

- 娱乐 / 休闲设施
- 厕所
- 安全的饮用水
- 学校
- 交通
- 医院 / 诊所 / 急救

√ 用人单位是否支付医疗和学校设施的费用?

√ 农场劳动者的家人是否生活在农场 / 种植园，他们受到免受风险的保护吗?

√ 家人因为接触类似的有害因素而遭受与劳动者类似的健康损害吗? 例如，吸入农药等有害物质，或饮用被农药污染的水。

√ 您的用人单位遵守当地的公共卫生法规吗?

当您检查住房和居住环境时要考虑：

√ 电力的安全供应和维护；

√ 采光；

√ 适当的通风；

√ 足够的空间以预防过于拥挤；

√ 烟囱把烟从火中抽走；

√ 排水系统；

√ 安全的室内地面；

√ 垃圾处理；

√ 被覆盖的凹坑；

√ 盥洗设施；
√ 除草；
√ 安全和健康的卫生条件；
√ 危险地重复使用化学容器；
√ 厨房和床下的农药。

特殊 HSE 检查

您能够利用特殊 HSE 检查来更详细地关注工作场所或工序的某些具体方面，例如，过去女性面临的许多健康和安全有害因素都被忽视，您或可针对您工作场所的女工开展特殊健康、安全和环境检查。

特殊 HSE 检查可作为您常规的一般检查的补充，或者您决定将某项常规检查转变为特殊检查，例如，您可因为下列原因开展特殊 HSE 检查：

- 成员的抱怨；
- 工作条件的改变；
- 您已收到的新信息；
- 需要更加深入调查某个特定议题，例如，压力。

伤亡事故检查

本系列手册 4 中的具体资料卡涵盖了伤亡事故检查。伤亡事故检查应在受伤、与工作有关的健康损害或危险事件发生后尽快进行。其 HSE 劳动者代表必须参与伤亡事故检查以收集证据：

- 理解事故发生的原因，避免将来发生任何伤害；
- 任何受伤的人都可以要求津贴或损害赔偿。

检查文件

除了从工作场所获取信息，您还可以查看用人单位的一些文件，例如：

- 健康和安全培训记录；
- 化学物质安全数据清单（Chemical Safely Data Sheets，CSDS）；
- 机械维护记录；

- 所使用的农药的详情。

活动：HSE 检查（监督）

目的

帮助我们：

- 为 HSE 检查做准备；
- 为我们的工作场所开发检查表。

任务

两人结对，看下面给出的问题范例，这些问题能够被用在 HSE 检查表中。

为 HSE 检查提炼适合您工作场所的问题。把您的问题传给下一对，让他们评论，然后定稿，以便在工作中使用。

HSE 检查问题举例	是	否	要求的行动
储存和处理			
1. 储存设施充足吗？			
2. 有足够的设备以预防手工处理物料的需要吗？			
3. 已对劳动者搬运物料进行过培训吗（例如，搬运技术）？			
4. 已经建立储存物料的安全程序吗？			
危险物质			
5. 使用了任何危险物质吗？			
6. 已提供有害因素数据清单吗？			
7. 物质所产生的有害因素得到了预防或控制吗？			
8. 培训劳动者了吗？			
9. 提供了足够的信息吗？			
10. 容器有清楚的标签吗？			
11. 危险物质得到了安全的存储吗？			
12. 为劳动者提供了合适的个人防护用品吗？			
噪声			
13. 评估噪声风险并确认危险区域了吗？			
14. 有减噪 / 控噪的项目吗？			
防护用品			
15. 需要个人防护用品吗？			
16. 如果是，提供的防护用品适合吗？与劳动者进行磋商了吗？			
培训			
17. 所有劳动者都已接受过岗位安全方面的培训了吗？			
18. 面对具体有害因素的劳动者已接受过专门培训吗？			
辅助设施			
19. 提供盥洗和厕所设施，并保持清洁了吗？			
20. 有更衣室和休息室吗？			
21. 提供了干净安全的饮用水吗？			
22. 有足够的急救设施吗？			

现在为 HSE 检查创建您自己的问题				

处理工作中的有害因素

导读

正如我们已了解到的，HSE 劳动者代表最重要的工作之一就是代表成员处理工作场所的健康、安全和环境问题。要处理的每个问题都是不同的，但方法是相似的。

在早期的课程中，您和您的成员识别了有害因素以及您的成员所面临的风险，我们也讨论了工会应对健康、安全和环境的方式。现在，重要的是要研究解决其中一些有害因素的可操作性方法。

活动：处理优先控制的有害因素

目的

帮助我们：

- 识别要优先控制的有害因素；
- 讨论有害因素所致的风险；
- 制定行动计划以处理这些风险。

任务

在您的小组中，选择您工作场所中的一种主要的健康、安全和环境有害因素。使用下一页的行动计划工作表来决定需要做什么。

资源

- 处理有害因素：预防和控制措施文本如下；
- 本书手册 4 中的资料卡；
- ILO《农业中的安全与卫生公约》（第 184 号，2001 年）；
- 您所在国家的相关法律；
- 您的工会教育者提供的 IUF 资源。

选出一位发言人汇报。

行动计划工作表

问题

- 现实情况是什么？
- 我的成员想要什么？
- 原因是什么？
- 这是一个一次性问题还是一个覆盖面更广泛的问题？

调查

- 我的工会怎么说？
- 我的协议上怎么规定？
- 我的成员想要什么？
- 法律或 ILO 第 184 号公约有何规定？
- 我应该向管理层提出什么问题？
- 我应该叫上健康和安全监督员吗？

计划

- 此工会的目的是什么？
- 我应如何吸引成员参与？
- 我应该使用什么样的压力和论据？
- 如何预防或控制其风险？
- 我应该如何在这个议题上采取行动？

处理有害因素：预防和控制措施

以处理农药有害因素为例

最开始的第一步，在使用或接触农药之前，用人单位要对其工作场所进行风险评估，此工作场所的风险评估应做到：

- 在施用农药之前、期间和之后，都要识别农药对其使用者和附近工作 / 生活的人的潜在有害因素；
- 评估潜在有害因素所致风险；
- 为其用人单位制订适当的措施，以预防或尽量减少所识别的风险（见下面的“风险评估和风险管理”小节）。

为了预防和减少风险，用人单位应按照下列顺序采取预防和控制措施的优先等级。

第 1 步：消除此风险

其目的是通过评估是否确有必要使用农药，来消除任何可能的风险。检查：

- 杂草、昆虫或病害已被正确识别，造成的经济损失程度能达到确需使用农药的程度吗？
- 还有任何其他解决虫害问题的方法吗？例如，综合性生产和害虫管理、使用非化学性的生物农药或是有机方法？
- 农药是合法批准的并被登记用于预期用途吗？

如果无法消除此风险，考虑替代方案：

- 使用危险性更小的农药？
- 制剂上，能否使用颗粒剂而不是能飞溅的液体，使之危险性更小？

如果无法（通过消除或替代的方式）预防此风险，而用人单位的风险评估确定（实际或潜在的）虫害需要使用农药，则应遵循以下一系列风险控制措施，顺序如下。

第 2 步：控制风险

在源头进行风险控制，涉及众所周知的技术和工程控制（见如下举例）。

举例

农药所致风险

许多设计不当的喷雾容器和包装袋，甚至喷雾器，都能够导致农药在混合和灌装操作过程中溅到暴露在外的皮肤、衣服或眼睛。

技术或工程控制解决方案

- 用于拖拉机载装喷雾器的密封混合和灌装系统。操作者只需将农药容器放入系统中，在自动混合的同时远离危险，避免接触到飞溅浓缩农药的风险。随后操作者应穿戴适当的个人防护用品，作为技术和工程控制的补充措施，将空的农药容器彻底冲洗至少 3 次，并将其放在安全的地方进行处置。
- 可溶解、水溶性塑料袋中的农药制剂。可以简单地将这些小包装整个放入背箱或拖拉机喷雾罐中。取下罐盖，搅拌混合物，包装在喷雾罐内溶解，释放农药。之后不需要处置任何容器。
- 将经批准的碳质农药过滤器装在拖拉机驾驶室，可在任何农药逸散到驾驶室之前将其吸收。拖拉机驾驶室中的普通滤尘器不起作用，所以不要使用！

第 3 步：安全的工作体系，引进技术、组织措施、安全操作规程

- 用人单位是否如风险评估中所确定的那样，已经确保有一个安全的工作体系？例如，喷洒农药前，劳动者已离开喷洒区域了吗？观察重新进入处理区域的时间段了吗？
- 有到位的有效监督吗？
- 已检查了喷雾设备，以确定它处于工作状态并进行了适当的校准吗？

第 4 步：信息和培训

培训

- 使用农药的劳动者是否接受过专门的 HSE 培训？农场的操作员和业主必须就如何正确处理农药和设备接受培训、被充分告知相关法律以及是什么构成了良好的操作。
- 其他接触农药的劳动者已接受过农药有害因素及风险防控措施的基本培训吗？

卫生和健康监护（Health Surveillance）

- 农场/种植场和施用农药的农田/温室有良好的盥洗设施吗？所有的农药使用者在喷洒农药后都应进行清洗。
- 在需要的地方有急救设备，包括洗眼器吗？有受过急救培训的劳动者/职员吗？
- 如果控制措施失效（例如有机磷和氨基甲酸酯），当所使用的产品产生严重健康损害时，提供健康监护了吗？

其他信息

- 农药对牲畜和“环境”（蜜蜂、鱼类等）造成风险吗？
- 农药将直接或通过浸出破坏溪流、河流或其他水源（无论是地表水还是地下水）吗？
- 将会损害邻近的作物吗？
- 采取足够的防范措施，以预防牲畜或公众接触到要喷洒农药的区域（例如，在公众行人道上张贴警示标识、向养蜂人发出通知）吗？
- 除了针对每次使用的具体防范措施外，大量使用农药的场所，特别是农场和种植园，必须在显著位置张贴应急程序的书面计划。现场每个人都应熟悉此计划，并已接受此计划的实施培训。
- 使用农药后，剩余的农药已得到安全处置（见标签说明书），且空容器及空包装袋得到了安全处置吗？液体容器应彻底冲洗三次，然后处置（见国家法规）。检查您的农药供应商是否对空的、清洗过的农药容器有回收程序。空容器/桶绝不能再用于装柴油或家居用途！要确保容器被压扁或刺穿。

第 5 步：提供、使用和维护或更换个人防护用品

风险评估应评估使用何种类型的个人防护用品来补充现有的其他控制措施。

个人防护用品（PPE）这个术语是指在处理和使用农药过程中提供防护的任何衣服、材料或设备，包括手套、护目镜或面罩、化学防护口罩、橡胶围裙和靴子、用于高危物质的全套防护服和工作服。该设备应由用人单位免费提供、维护和更换。

由于个人防护用品是保护操作人员效果最弱的手段，因此它应该是最后的控制措施，只应作为实施以上控制措施后的补充措施。不幸的是，对许多劳动者来说，这通常是用人单位

提供的第一个同时也是唯一的控制措施。在全球范围内，个人防护用品是保护操作人员免受农药侵害的主要手段，因为无论是农药行业还是农业用人单位都过度依赖这一措施。

健康和安全法律与标准

关于本章节

本章将帮助我们：

- 明确关于健康、安全和环境的国家法律；
- 检验集体谈判与相关法律的关系；
- 明确国际标准及其他标准；
- 利用这些法律和标准来改善工作条件。

政府与 HSE

政府在 HSE 事宜上发挥着关键作用。制定法规和标准来规范 HSE 是各国政府的常规责任，各国政府尤其应：

- 制定一以贯之的 HSE 政策；
- 立法实施这一政策；
- 建立一个或多个主管机构并完善其装备，以执法并监测标准的实施；
- 支持 HSE 的研究和发展；
- 通过信息传播积极推动 HSE；
- 鼓励用人单位、劳动者和其工会之间的合作；
- 批准国际公约、标准和议定书。

国家 HSE 法规

导读

政府法规应向劳动者提供最低的健康、安全和环境保护标准，这些最低要求通常构成了刑事法律体系的一部分。如果不遵守这些法律，用人单位和其他违规者可能会受到法庭的制裁。

从历史上看，许多工会都曾成功地向政府施压，要求其制定和执行 HSE 保护性法规。今天，对工会来说，在国家或省级层面组织实施 HSE 保护性法规仍然很重要。但是 HSE 法规只有在政府执法部门支持下才有效。如果没有充分的执法，一些用人单位就没有内动力去认真遵守 HSE 法规。

目前，许多政府没有足够训练有素的监督员来定期监督每个工作场所，因此，劳动者和工会应该充当“监督者”（watchdogs），确保用人单位遵守现有的法律和标准。

法规是如何构成的

不同国家在卫生和安全法规中使用的术语可能有所不同，但有一些通用的国际术语通常适用，例如：

法律

大多数国家都有与 HSE 相关的法律，例如，马拉维的主要法律是《1997 年职业安全、健康和福利法》。该法律规定了一般的职责和责任，以及各种有害因素的具体标准，适用于农业活动。但在一些有旧《工厂法律》立法的国家，农业活动不属于 HSE 法律的范围。在 HSE 法律过时的国家，批准和执行 ILO《农业中的安全与卫生公约》（第 184 号，2001 年）尤为重要。

条例

一旦一项 HSE 法律通过，那么部长（通常是劳动部长）可能有权根据该法律制定详细的条例。条例是刑法典的一部分，因此，要求用人单位和其他人必须以与法律相同的方式予以遵守。

如何找到您的健康和安全法规

您有权利获取适用于您的职业健康与安全法规，因为这是公共文件。为了实现本课程的目标，您的工会教育者 / 引导者将为您提供一份关于国家 HSE 法律的简介。但是，尽量获取一份国家法规的副本，以便在您的工作场所使用。您的工会可能会有一份法规的副本，如果他们没有，其他来源包括您的用人单位（在一些国家，法律规定用人单位必须告知劳动者及其代表）、当地劳工 / 健康和安全监督员、劳动部门、当地图书馆、律师或当地学院或大学。当您要求此法规的副本时，如果有此法规的书面概要的话，也要一份。

执法

需要政府监督员在工作场所监督、监测和执行此法律。这些监督员通常被称为劳动 / 健康和安全监督员，隶属于劳动部门或同等机构。监督员应确保用人单位遵守最低的 HSE 法律标准。然而，他们的权力受限于以下内容：

- 此法规的调整范围。薄弱和无效的法规赋予监督员很少的权力，其结果可能是改善工作条件的行动微乎其微。
- 提供给监察局的资源，在许多国家，监督员数量较少，资源不足。

理想情况下，执法体系应该：

- 确保有足够训练有素、装备精良的人力配置，能够获取信息源，并能够监督工作场所和执法；
- 包括对所有工作场所的定期的和突击的监督；
- 容许对非法行为进行相应的处罚，包括对严重违法行为的严厉处罚；
- 有强有力的保护性法规支持。

无论有什么法律和执法体系，工会和工会代表都是劳动者抵御恶劣工作条件的第一道防线。

运用相关法律

活动：运用相关法律

目的

帮助我们：

- 明确相关法律；
- 运用此法律解决问题。

任务

在您的小组中，选择两个之前在本课程中提到过的 HSE 问题。

使用下列工作表，以：

- 明确国家法规中的相关部分；
- 下一步计划是什么。

选出一位发言人，汇报您的关键要点。

运用法律工作表	
姓名______	工会和工作场所______
问题：简要描述	此法律的哪部分能够提供帮助？
此法律是如何规定的？	由谁负责？
如何能够运用此法律来解决问题？	下一步计划是什么？

相关法律如何发挥作用

法律能够在以下方面提供帮助：

- 能够有助于建立成员支持，如果成员看到明确的法律标准，这可能会鼓励他们支持工会的案件；
- 有助于您向用人单位施加压力来完成工作，特别是在用人单位违反此法律的情况下；
- 对用人单位的惩罚所带来的负面影响，可能会促使其他用人单位采取行动；
- 一些法律标准如果得以实施，将提供良好的工作条件。

注意要点

但应当小心，因为：

- 此法律通常只设定最低标准；
- 此法律可以是含混不清的；
- 此法律的某些部分强调“安全的劳动者”而不是“安全的工作场所”；
- 该法律有时不适用于农业劳动者；
- 没有足够的健康和安全监督员来有效执法；
- 很少有案件上法庭，即使上了法庭，处罚力度往往也极低。

检查表：运用健康和安全法律

HSE 劳动者代表能够通过以下方式改善工作场所的标准：

√ 使用参考本书中的索引来定位您所寻找的标准；

√ 在遇到困难时寻求咨询，尤其是关于新法规的问题；

√ 如果您发现法律标准含混不清，您就准备求助于其他来源的指南；

√ 利用您的发现来帮助计划如何处理这个问题；

√ 通过阅读工会和其他的 HSE 出版物，努力跟上最新进展；

√ 利用 ILO 各项公约所规定的标准，努力改善工作条件。

集体谈判

您的工会可以利用集体谈判来克服一些国家健康和安全法规的局限性。通常这种集体谈判过程会比等待国家法规的改变更快地改善工作场所。在许多国家，集体谈判协议（CBA）能够在法院或法庭上执行，因为其通过以下途径具有法律效力：

- 工会与用人单位之间的关系；
- 将 CBA 的内容纳入劳动者的个人合同。

工会可以通过谈判促进许多 HSE 主题，然后将这些主题加入现有的合同条款中（见下文集体谈判协议）。

ILO 关于农业安全和健康的公约

ILO 是联合国（UN）体系的一部分。ILO 制定了许多与 HSE 有关的国际劳工标准，其中对农业劳动者最重要的是《农业中的安全与卫生公约》（第 184 号，2001 年）（本书中手册 6 进行了完整的详述）。本公约中有许多条款将帮助农业劳动者及其工会，例如：

- 农业劳动者有权选择安全和健康代表以及安全和健康委员会的代表。
- 劳动者有权“在他们有合理的理由相信他们的安全和健康面临立即和严重的风险时，从他们的工作活动所造成的危险中脱离，并立即向监管者报告。他们不应因这些行为而处于任何不利地位”。
- 用人单位必须对农场、种植园或农业企业进行工作场所风险评估，然后才能使劳动者接触公约所涵盖的有害因素 / 风险，包括接触化学物质。我们将更详细地考虑风险评估的概念，因为它有可能帮助到农业劳动者及其工会。

风险评估和风险管理

在 ILO 第 184 号公约中，明确了用人单位具有识别有害因素、评估风险、实施预防和保护措施的职责。HSE 劳动者代表理解风险评估的过程非常重要，这样他们才能为该风险评估过程作出有价值的贡献。

ILO《农业中的安全与卫生公约》（第 184 号，2001 年）：第 7 条

用人单位须：

- 针对劳动者的安全与卫生进行适宜的危险评估，并根据这些评估结果采取预防与保护措施，以保证，在所有预期使用的条件下，在用人单位控制之下的所有农业活动、工作场所、机器、设备、化学制品、工具和生产过程是安全的，并符合规定的安全与卫生标准；
- 在考虑受教育水平和语言差别的情况下，保证就安全与卫生问题，向农业劳动者提供充分与适宜的培训和易于理解的说明，以及任何必要的指导或监督，包括提供关于同其工作有关的各种危害与危险的资料以及关于为保护他们而要采取的行动的说明；
- 在存在对安全和卫生的即刻和严重威胁的情况下，采取停止任何作业的即时措施，并视情况撤离劳动者。

ILO《农业中的安全与卫生建议书》（第 192 号，2001 年）：第 5 段

在企业层面，依照以下优先顺序的危险评估和管理措施：

- 消除危险；
- 控制危险源；
- 通过以下手段，如设计安全工作制度、采用技术与组织措施和安全做法，以及开展培训，最大限度地降低危险；
- 在危险依然存在的情况下，提供和使用个人防护用品和服装——此种用品和服装对劳动者免费。

ILO《农业中的安全与卫生公约》（第 184 号，2001 年）：第 8 条

农业劳动者须有权：

- 被告知有关包括新技术的危险在内的安全与卫生事项并就这一事项与之磋商；
- 参与对安全与卫生措施的实施和审议，并根据国家法律和惯例选举安全与卫生代表和在安全与卫生委员会中的代表；
- 在他们有合理的理由相信存在着对其安全与健康的即刻而严重的危险时，使自身脱

离工作活动所带来的危险并将这一情况立即向上级报告。他们不得因这些行动而处于任何不利地位。

风险评估是什么？

用人单位必须仔细评估农业劳动者可能接触到的所有风险，该过程被称为“风险评估”，有三个阶段。

首先，是确定所存在的有害因素。我们可以将其定义为造成潜在伤害的因素，来自工作场所、机械、化学物质、工具和生产过程等。

其次，用人单位必须评估有害因素所致的风险。我们可以将其定义为一种特定有害因素造成实际伤害的可能性。

最后，在风险评估的基础上，此用人单位应采取预防和保护措施，以确保安全和健康，并符合健康和安全标准。预防和控制措施应遵循 ILO《农业中的安全与卫生建议书》（第 192 号，2001 年）第 5 段中规定的优先秩序（见上文）。

如何开展风险评估？

我们可以通过以下方式进行评估：

主观 / 定性评估：基于单个评估员或评估小组对风险的感知，以及风险是否得到充分控制。

量化 / 定量评估：通常用于复杂的重大有害因素，例如，在化学性操作中，可以使用详细的统计证据来量化其风险。可用更加简化的版本为可能性和严重性提供数值，这有助于确定优先级的分级值，例如：

发生的可能性（概率）

- 低：很遥远或不太可能发生；
- 中：将在未及时采取预防措施时发生；
- 高：可能立刻发生或在不远的将来发生。

后果（严重性）

- 低：可能造成轻微伤害 / 疾病 / 损害，未损失工时。

- 中：可能导致误工的伤害 / 疾病。
- 高：可能导致严重或死亡的伤害 / 疾病。

有时可提炼风险矩阵以确定要采取行动的优先级（见下表）。

一些风险评估使用排名，以“最坏优先”的原则产生需要控制的有害因素的优先级清单。这考虑了后果（可能的严重性）和事件发生的概率。可以使用简单的公式进行分级，其中风险 = 估算的严重性 × 估算的概率。这些估算可以是任何值，只要被一致使用即可。

HSE 劳动者代表不应将这些类型的评估视为“科学的”，因为所有的数字评级体系在给每个有害因素赋值时都是纯粹主观的。此处仅作为示例来说明您可能会遇到的多种风险评估方法中的一种。

有害因素严重程度分级	赋值
灾难性的：存在立即的危险，能够造成大规模死亡和疾病的有害因素；	1
重大的：能够导致严重疾病、严重伤害、财产和设备损坏的有害因素；	2
边缘的：能够导致疾病、伤害或设备损坏，但其结果预期不会很严重的有害因素。	3

有害因素概率分级	赋值
很可能：可能立即或短期内发生；	1
相当可能：很可能会在一定时间内发生；	2
遥远：可能在一定时间内发生；	3
极其遥远：不太可能发生。	4

工会风险评估方法

风险评估、风险预防和风险控制有时被视为独立的过程，工会希望风险评估包括：

- 识别有害因素；
- 评估风险；
- 为防范和控制该风险而采取的措施；
- 在该风险评估过程的每个阶段，与劳动者和 HSE 劳动者代表磋商。

此外，风险评估应尽可能简单。许多情况下，风险评估程序过于复杂，但并不会改变任何东西，例如存在一种明显的有害因素，电缆损坏，我们不应等待风险评估结果，而应立即处理风险。

劳动者和工会的投入应该是所有风险评估技术的关键特征。如果不考虑劳动者的实际经验，就不可能获得有关工作条件带来健康问题的准确信息。劳动者的实际经验是风险评估过程的基础。

活动：识别有害因素、评估和预防风险

目的

帮助我们：

- 识别有害因素；
- 对风险评估过程作出贡献；
- 规划预防和控制措施。

任务

在您的小组中：

1. 思考农业劳动者涉及手动搬运和抬举的工作岗位或任务，选择一个您小组成员熟悉的工作，讨论其关键要素。

2. 请填写下一页的风险评估样表，您需要确定应该采取的补救步骤。

3. 选择一位发言人来汇报你们在任务 2 中的主要观点。

评估检查表					
（A）要思考的问题： （如果问题的答案是“是”，请在它旁边打钩，然后考虑风险水平）	风险等级（勾选合适的选项）				可能的补救措施： （在这一栏做粗略的笔记，为完成 B 部分做准备）
	是	低	中	高	
工作任务：是否涉及 · 远离其身体搬运重物？ · 扭动身体？　· 弯腰？ · 向上伸手？　· 大幅度垂直移动？ · 长距离搬运？　· 费力推或拉？ · 不可预测的重物移动？ · 重复性处理？　· 休息或恢复不足？ · 过程施加的工作速率？					
工作负荷：它们是 · 重物？　· 笨重 / 不灵便？ · 难以抓握？　· 不稳固 / 不可预测？ · 本质上有害（例如尖锐 / 高温）？					
工作环境：它们是 · 姿势受限？　· 不良的室内地面？ · 水平变化？　· 热 / 冷 / 湿的条件？ · 强风？　· 采光条件差？					
个人能力：其岗位是 · 要求不寻常的能力？ · 对有健康问题的人产生危害？ · 对孕妇产生危害？ · 需要特殊信息 / 培训？					
其他因素：移动或姿势 · 被衣服或个人防护用品阻碍？					
（B）补救行动：按照优先次序，应该采取哪些补救措施？					
（1） （3） （5）	（2） （4） （6）				

检查表：工会参与此风险评估过程

提高其他 HSE 劳动者代表的相关意识，并达成一致的工会风险评估策略。与管理层面对面讨论风险评估对工作场所的意义，并就以下事项达成一致：

√ 管理者和 HSE 劳动者代表在风险评估规划、执行和审查方面进行全面磋商。

√ 需要做什么？

√ 谁来做？

√ 开展的时间表？

√ 在风险评估过程中把 HSE 劳动者代表和劳动者看法纳入考虑的程序？

√ 认定可能有用的文件，例如，事故和健康损害统计、监督报告、劳动者的投诉。

√ 此评估需涵盖的所有合同商、实习生、临时工、季节性劳动者。

√ 委派有胜任力的评估人员，负责委派的区域。

√ 对协助此过程的所有人进行全面培训。

√ 确定风险评估的方法，例如，使用问卷、评估表、保持记录以及监测、分析和控制体系。

√ 实施预防与控制措施的时限。

√ 公布结果和告知 HSE 劳动者代表和劳动者的方法。

√ 完成评估的时间表。

确保用人单位管理健康、安全和环境

关于本章节

本章将帮助我们：

- 确定用人单位应该做什么；
- 制定落实事项的程序；
- 作为工会成员有效地工作。

导读

更深度的工业化增加了工作中的有害因素。为了保护劳动者和当地社区的健康和安全，工会需要确保其用人单位有效管理职业健康、安全和环境。正如我们已见惯的，有时管理者不情愿、不愿意或没有能力做到这一点。在本章节中，我们将研究工会能够向管理层施压的一些方式，以让他们做应该做的事。然后我们将研究一些健康和安全管理方面的问题。

活动：落实事项

目的

帮助我们：

- 分享关于确保管理层采取行动的可及方法的想法；
- 决定解决 HSE 问题的步骤。

任务

在您的小组中：

- 分享您让管理层解决 HSE 问题的方法的经验；
- 列出成功解决 HSE 问题应采取的步骤和应遵循的程序。

选出一名发言人汇报。

让管理层采取行动

以上已讨论了用于获得管理层采取行动的几种方法，改善 HSE 与改善劳动者的收益一样，都是通过教育、团结、组织和行动。HSE 劳动者代表，有时还有当地工会委员会，是解决 HSE 关切机制的枢纽。HSE 劳动者代表和当地工会委员会的岗位职责就是在 HSE 议题上代表普通劳动者。

您可以获得您的用人单位采取行动的一些方法，包括：

组织起来

- 认真准备：准备好您的案例；
- 鼓励劳动者向他们的监管者提出问题，并保持对您告知；

- 如果用人单位没有采取行动，则追踪劳动者的抱怨；
- 以书面形式向管理层提出议题，确保您得到成员的支持，并就明确的时限达成共识；
- 准备好解释此问题的报告；
- 使用可以快速处理 HSE 问题的程序，包括具体的 HSE 程序；
- 与管理层谈判；
- 如果管理者不能解决问题，则与更上级的管理者交谈；
- 使用申诉或纠纷程序（更多细节见下文）；
- 确保遵守此程序中的时间期限；
- 利用劳动者 / 工会—管理层健康和安全联合委员会；
- 就 HSE 问题谈判集体谈判协议；
- 与劳动者友好网络建立更广泛的联盟，例如，农药行动网络（the Pesticide Action Network，PAN）；
- 在适当的情况下利用媒体。

使用 HSE 相关法律

- 检查是否有国家法律法规武器可以提供帮助；
- 如果您所在国家的法律薄弱，请使用 ILO 公约中的标准；
- 阐明用人单位的职责和您的合法权利；
- 考虑召集政府劳工 / 健康与安全监督员，尤其是用人单位存在明确违反相关法律的情况下。

发挥会员的集体力量

- 在流程的每个阶段吸引劳动者参与并告知他们；
- 确保与他们保持良好的交流；
- 计划行动并报告反馈；
- 确保其用人单位知道劳动者对该议题的感受有多强烈；
- 确保对其他工会官员予告知，并在必要时为您提供支持。

申诉和纠纷程序

在一些工作场所，工会和管理层已同意采用特殊程序来处理申诉和纠纷，包括未解决的 HSE 问题以及其他议题。

该程序通常会确定工会必须采取的步骤，以便通过管理结构的各个级别正式提出问题。申诉或纠纷程序通常有阶段和时间期限。如果问题未解决（有时称为未能达成一致），或已超出时间期限，则在程序的下一阶段考虑该问题。

以下是纠纷程序的典型举例：

阶段一：成员向监管者提出问题

- 如果在 24 个小时内未能达成一致。

阶段二：HSE 劳动者代表与监管者讨论该问题

- 如果在 2 个工作日内未能达成一致。

阶段三：HSE 劳动者代表与部门主管面对面

- 如果在 4 个工作日内未能达成一致。

阶段四：HSE 劳动者代表和高级代表与高层管理者面对面

- 如未达成一致，程序被视为已用尽，或可采取行动。

HSE 的集体谈判协议

导读

HSE 的法律标准在您的国家可能不存在或非常薄弱，同样，已有的标准可能很少被执行。我们对此可以开展活动，以改进健康和安全法律以及批准 ILO 第 184 号公约，但我们仍然需要良好的工会组织和在工作场所达成协议。

在某些国家，集体谈判协议中几乎看不到 HSE 内容。当 CBA 中能看到 HSE 内容时，其重点被放在个人防护用品和赔偿上。但一个更广泛和更详细的集体谈判协议，可以帮助我们在工作场所更有所作为。

活动：集体谈判协议

目的

帮助我们：

- 决定 CBA 中应包含什么。
- 选择 CBA 中的优先事项。

任务

在您的小组中：

- 快速分享您认为应该包含在 HSE 集体谈判协议中的所有事项。
- 从您的列表中选择一个优先事项，并提供协议中该方面的内容概述。

在您点评他们的工作时，将内容传递给您旁边的小组以征求他们的意见，并进行必要的修改。

选出一名发言人，汇报关键内容。

CBA 的内容

一份关于 HSE 的集体谈判协议能够包括以下内容：

- 成立联合安全委员会（包括其组成）；
- HSE 劳动者代表的权利，包括他们有权使用的相关设施；
- 有权获取特定信息；
- 建立联合风险评估团队；
- 在有即刻的危险情况下停止作业；
- 咨询政府劳工 / 健康与安全监督员和工会全职官员；
- 给予专门的时间（time-off）平等参与培训和其他工会活动；
- 监督权；
- 关于建设新工作场所、工作变化和引进新物质和设备的事先协议；
- 禁止禁用的、高毒的或致癌的农药；
- 为女性劳动者和哺乳期女性提供保护措施的条款；
- 提供职业健康服务的条款；

- 解决问题的专门安全程序。

非洲工会统一组织（the Organisation for African Trade Union Unity，OATUU）制定了《健康与安全权利宪章》，这对思考集体谈判协议可包含健康、安全和环境的内容非常有帮助。

管理健康、安全和环境

导读

工会应该致力于管理层组织 HSE 自身建设的方式。如果我们能在这一领域影响管理层而使其改进，将对我们的成员和社区产生重大影响。

管理健康和安全并努力改善健康、安全和环境绩效的组织：

- 预防和控制风险；
- 他们的工伤和健康损害记录显示出进步。

虽然健康、安全和环境应该有三方参与，但 HSE 最终是管理层的责任。

工作场所中的健康和安全统计数据令人震惊，与工作相关的伤害和健康损害的最常见根本原因是管理失效。

不应容许管理层将管理健康和安全的责任转嫁给劳动者及其工会组织。

活动：管理健康和安全

目的

帮助我们：

- 分享管理层管理 HSE 方法的经验；
- 解释安全和健康的工作条件的优势。

任务

在您的小组中讨论：

- 您的管理层在避免、预防和控制工作场所风险方面已发挥的作用；
- 健康和安全的工作条件对用人单位的益处。

选出一名发言人汇报。

管理层为何应管理 HSE

管理层有责任对 HSE 进行有效管理，其原因有很多，包括：

- 企业归用人单位所有，他们有责任确保其劳动者的健康和安全；
- 国际准则和国家法律要求用人单位管理健康、安全和环境；
- 管理失效所导致的事故和健康损害，这不是劳动者的错；
- 承认创建 HSE 的支持性文化对实现风险的充分控制是必要的；
- 用人单位将经济损失减少到最小；
- 健康、安全和环境的有效管理既有益又值得。

管理层的责任

国际公约和有关健康、安全和环境的国家法律都规定了管理责任。

成功管理的关键要素如下：

政策制定

有效的管理需要一个全面的健康、安全和环境政策，传达该组织的总体意图、方法和目标。

组织

组织是设计并确定管理人员和个人职责的过程，从而创建有效管理健康、安全和环境的必要结构。管理层应该能够创造一种文化和氛围，促进各级劳动者积极参与和承诺。

规划和实施

规划是有效实施政策的必要条件，包括：

- 设定明确的目标；
- 制定和维护绩效标准和体系控制；
- 定义、制定和维护政策；
- 将健康、安全和环境作为所有业务决策的一个因素。

作为规划和实施的一部分，用人单位应该：

- 识别有害因素；

- 评估风险；
- 确定有效消除或降低此风险所需的步骤；
- 监测绩效。

测量绩效

管理层可以通过根据预先确定的计划和标准，维持和改进绩效，持续改善 HSE。

审计和评估绩效

这些活动使管理层能够评估绩效，并采取适当措施进一步制定其健康、安全和环境政策。

管理政策

健康、安全和环境政策应是：

- 须与劳动者及其代表磋商；
- 书面化；
- 定期修订；
- 与劳动者恰当交流；
- 描述将其付诸实施的安排。

它必须：

- 识别有害因素；
- 评估风险；
- 设定标准；
- 显示管理层积极实施的承诺；
- 概述为实现目标而搭建的组织结构；
- 为工作中严重和立即的危险制定明确的程序；
- 为劳动者提供全面和相关的健康和安全信息。

加强健康、安全和环境管理

管理层能够通过以下方式进一步加强其对健康、安全和环境的管理：

- 对工作场所进行定期监督 / 检查；

- 建立体系、程序和政策；
- 制定风险评估程序；
- 进行定期的监测和评估；
- 促进开展健康、安全和环境的培训活动；
- 迅速调查健康损害和伤亡事故；
- 主动控制或预防，以及对违规行为的制裁；
- 做出足够的预算拨款；
- 尽早支付赔偿；
- 定期与 HSE 劳动者代表磋商。

未来战略

活动：下一步行动

目的

帮助我们：

- 为未来的健康、安全和环境活动制定计划；
- 确定我们能够采取哪些步骤来吸引、教育和告知我们的成员；
- 反复斟酌我们未来所需的支持。

任务

提炼提纲：

- 您自己未来六个月的个人行动计划。要务实，但要努力实现一些真正的改变。使用下一页的工作表，以便您在此课程结束后能够回查。
- 一份反馈给您的会员的报告，确定：本课程如何处理他们在课前调查中反映的问题；您从课程中已学到了什么；以及它将如何帮助工会和成员解决工作中的健康、安全和环境问题。
- 一份反馈给当地工会委员会的报告，其中包括对未来 HSE 行动的建议。

准备一份报告给课程的其他人，并附上您的主要观点。

行动计划工作表				
需要做什么？	您的目标	您将做什么？	何时做？	既往产出是什么？
您作为 HSE 劳动者代表的岗位职责				
与您的成员				
优先控制的有害因素				
与其他劳动者代表和您的工会				
与您的用人单位				
与政府				
未来的培训				
其他未尽事项				

课程评估

此活动旨在了解该课程的效果如何，通过提供反馈，给您提供帮助教育者和其他工会成员的机会，这将对未来的课程很有帮助。

活动：评估

目的

帮助我们：

- 查明研讨会的目标已实现了多少；
- 决定如何提高本次研讨会的效果。

任务

讨论下列问题，并在图表上总结你们小组的观点：

- 就整个研讨会而言，不同的章节是否满足您的需求和兴趣？
- 此研讨会的哪些章节或部分对您最有价值，为什么？
- 您对研讨会的哪些章节或部分不太感兴趣或不感兴趣，为什么？
- 您对未来的研讨会有何建议？
- 您还有什么要说的吗？

选出一位发言人汇报。

手册 4　健康、安全和环境资料卡

目标

本手册的目标是帮助工会教育者 / 引导者：

- 解决劳动者及其 HSE 劳动者代表关注的一些关键关切；
- 提供额外的资源，以帮助教育者开办课程；
- 提供需要优先控制的有害因素和风险的基本信息作为教育活动的补充。

每个资料卡的格式

每一份资料卡都遵循类似的格式：

- 背景——问题的本质是什么；
- 信息；
- 工会行动。

活动

这些资料卡应与教育活动结合使用，以使本课程采用主动学习的方法。没有足够空间来提供一系列与每个资料卡有关的活动。然而，可以鼓励教育者开发自己的活动，以适应他们正在开办的课程，为此，应查阅此 ILO–IUF 系列手册 1 中提供的指南。

资料卡的进一步编制

最初为这一 ILO–IUF 系列手册的第一版编制了 20 份资料卡，希望工会教育者在需要时编写额外的资料卡以满足参与者的需要。

资料卡 1：伤亡事故、无伤亡事故和健康损害

背景

所有职业伤亡事故、无伤亡事故和健康损害病例都有其原因，绝不会偶然发生。原因很多，但如果未对有害因素予以识别，不消除或控制其所致风险，就会发生工伤和健康损害。用人单位经常把工作场所发生的职业伤亡事故、无伤亡事故和健康损害归咎于劳动者，但是，职业伤亡事故、无伤亡事故和健康损害更多是由于用人单位 / 管理部门采取必要行动保护劳动者的健康和安全的失效。

HSE 劳动者代表调查伤亡事故是很重要的，以便能够确定实际原因，并采取适当的纠正措施。与工作有关的疾病和伤害给人类带来了巨大痛苦，足以使人们想要采取预防措施。但是用人单位、劳动者和政府的经济损失也有充分记录。

信息

国家法规

在国家法规中有各种各样的方法，请查阅您的工会教育者提供的有关本国适用法律的概要。

协议

您的工会可能已经与您的用人单位就伤亡事故和健康损害达成了集体谈判协议，请检查是否有适用的协议。

ILO《农业中的安全与卫生公约》（第 184 号，2001 年）：第 21 条

农业劳动者须由保险方案或社会保障方案对严重和非严重工伤与职业病以及丧失工作能力和其他与工作有关的健康风险给予覆盖，所提供的保护起码相当于其他部门中劳动者享受的保护。

ILO《农业中的安全与卫生建议书》（第 192 号，2001 年）：第 5 段

在企业一级，应包括登记和报告事故与疾病的程序。

工会行动

集体谈判

您的工会能够通过集体谈判来克服国家健康和安全立法中的任何局限性，鼓励您的工会开发关于职业伤亡事故、健康损害和无伤亡事故的协议。

工会检查表：伤害发生后的行动

立即采取行动：

√ 让 HSE 劳动者代表到具体伤害的发生现场。

√ 确保伤者得到妥善的照顾。

√ 确保现场原封不动。

调查：

√ 拍摄照片、勾画草图和测量。

√ 与目击者交谈。

√ 在您认为健康损害可能由一种物质引起时，记录下农药使用的详细信息。

√ 详细检查此工作场所。

追踪：

√ 与政府健康和安全监督部门紧密联系，建立合作。

√ 检查用人单位的伤亡事故和健康损害记录。

√ 平等参与用人单位的调查。

√ 建议进行改进或立即采取防范措施。

√ 给受伤的成员提供咨询，并联系您的工会。

√ 检查用人单位 / 管理层是否报告了伤亡事故 / 无伤亡事故（如果法律对此有要求）。

资料卡 2： 艾滋病病毒 / 艾滋病（HIV/AIDS）

背景

该问题的严重程度

根据 ILO 2004 年 7 月的一份报告，全球估算有 3650 万适龄劳动人口感染了艾滋病病毒。截至 2005 年，自艾滋病开始流行以来，全球因艾滋病失去多达 2800 万名劳动者。

在目前感染艾滋病病毒的人中，至少有 2600 万名是 15 岁至 49 岁的劳动者，他们处于工作生涯的黄金时期。这一流行病严重打击了社会中最脆弱的群体，包括最贫穷的人、妇女和儿童，使社会保护不足、性别不平等和童工等现有问题更加严重。

这一流行病在许多方面影响着劳动世界：

- 对艾滋病病毒感染者的歧视威胁到工作中的基本原则和权利，并破坏预防和照护努力的根基；
- 这种疾病减少了劳动力供应，降低了许多劳动者的收入；
- 宝贵的技能和经验正在流失；
- 企业和农业的生产效率正在下降，劳动力成本正在上升；
- 妇女双重负担越来越重，因其必须同时谋生和照护生病的家庭成员与邻居。

什么是 HIV/AIDS

获得性免疫缺陷综合征 / 艾滋病 / 艾滋病获得性免疫缺陷综合征（Acquired Immune Deficiency Syndrome，AIDS）是一种由人类免疫缺陷病毒 / 艾滋病病毒（Human Immunodeficiency Virus，HIV）破坏免疫系统所致的疾病，这种病毒主要通过性分泌物和血液传播，世界各地的研究表明，艾滋病病毒有三种传播方式：

- 性交（异性恋或同性恋）和使用捐献的精子；
- 接触血液、血液制品或捐献的器官；接触血液主要是通过输注未经筛选的血液或使用未经消毒的受污染的注射器和针头进行静脉注射毒品；

- 在分娩前、分娩中或分娩后不久由受感染母亲传给胎儿或婴儿（围产期传播）。

艾滋病病毒不能够通过偶然直接接触传染，工作场所的个人直接接触是偶然的，您不会因下列任何活动而感染艾滋病毒：

- 拍拍同事的背；共用设备或卫生间；握手；拥抱；咳嗽和打喷嚏；使用同一饮水机；使用同一部电话；一起吃饭。

农村社区

有两类农村地区特别容易感染艾滋病病毒 / 艾滋病，一类是卡车路线沿线的地区，另一类是城市地区流动劳动力的来源地。由于流动、边缘化和获得社会服务的机会有限，游牧劳动者感染艾滋病病毒的风险增加。留在农场的、丈夫属于季节性流动农民的妇女也很容易感染艾滋病病毒，因为她们的丈夫有可能将疾病带给她们。

贫困增加了劳动力的移徙、家庭破裂、无土地可耕种、过度拥挤和无家可归，使人们越来越容易感染艾滋病病毒 / 艾滋病。这使得人们拥有多个随意伴侣的风险更大。如果穷人每天都在为生存而挣扎，他们也不太可能认真对待一种在未来几年里会死亡的感染。由于营养水平差和反复感染，而且穷人获得医疗照护的机会最低，艾滋病病毒的潜伏期可能会缩短。

贫穷也使关于艾滋病病毒 / 艾滋病的教育变得困难，因为文盲率很高，并且在农村地区获得大众媒体、健康和教育服务的机会很少。贫穷妇女尤其易受感染，因为她们似乎不大有能力保护自己免受丈夫的感染。她们往往未被告知健康问题，在性关系的任何方面几乎没有掌控权。

由于父母和大家庭成员死于这种疾病，以儿童为户主的家庭和艾滋病孤儿的问题也在增加。

信息

ILO 于 2001 年 6 月通过的《国际劳工组织关于艾滋病与劳动世界的实施准则》第 4 条

列出了工作场所的一些关键原则，这些包括：

承认艾滋病病毒/艾滋病是工作场所的议题

艾滋病病毒/艾滋病是一个工作场所议题，不仅因为它影响到劳动力，还因为工作场所在限制这一流行病的传播和影响方面能够发挥枢纽作用。

无歧视

不应基于真实的或者所感知到的艾滋病病毒状况对劳动者进行歧视或污名化。

性别平等

更加平等的两性关系和赋予妇女权利对于预防艾滋病病毒的蔓延和使妇女能够应对艾滋病病毒/艾滋病发挥着枢纽作用。

健康的工作环境

工作环境应是健康和安全的，并根据劳动者的健康状况和能力进行调整。

社会对话

一项成功的艾滋病病毒/艾滋病政策和项目需要用人单位、劳动者和政府间的合作、信任和对话。

为就业目的进行筛查

不应要求求职者或在职人员进行艾滋病病毒/艾滋病检测，除本守则规定外，不应在工作场所进行艾滋病病毒检测。

保密

如欲查阅有关劳动者艾滋病病毒感染情况的个人资料，应遵守与现行的ILO操作规程相一致的保密规则。

继续就业关系

艾滋病病毒感染不是终止就业的原因。患有与艾滋病病毒有关疾病的人，只要在适当条件下身体健康，都应能够工作。

预防

在通过信息和教育促进预防工作和支持改变态度和行为方面，社会伙伴处于独特的地位。

照护和支持

团结、照护和支持这一原则应指导工作场所的艾滋病防治工作。所有劳动者都有权享受负担得起的健康服务以及法定的和职业计划的福利。

工会行动

劳动者面临的问题

成千上万的劳动者因为艾滋病病毒阳性而在工作场所成为受害者。世界各地艾滋病病毒阳性劳动者遭受的虐待包括不公平解雇、强制性就业前检测、骚扰、信息泄露以及晋升或职业培训被拒绝。

纵观全球劳工运动，长期以来一直站在消除工作场所偏见和歧视、建立安全和健康的工作条件以及为所有劳动者提供基本卫生照护和社会保险的历史性斗争的前沿，艾滋病病毒 / 艾滋病威胁着每一个目标的实现。

在工作场所，工会能够激励预防和抗击歧视。在国家和国际上，工会能够开展倡导运动，并承诺加入抗击艾滋病病毒 / 艾滋病的斗争，并使这一斗争成为最优先事项。

工会在抗击艾滋病病毒 / 艾滋病方面处于独特的地位，因为工作场所是信息、预防和权利运动的主要“切入点”。

工会行动检查表

工会可采取的措施，包括：

√ 在集体协议中制定预防和保护条款。

√ 确保 ILO《关于艾滋病与劳动世界的实施准则》的关键原则在工作场所得到实施。

√ 介绍工会的教育项目。

√ 在农场和种植园中，为农业劳动者争取更好的住房和娱乐设施。

√ 与用人单位建立伙伴关系，共同应对艾滋病病毒 / 艾滋病。

资料卡 3： 生物性有害因素

背景

生物性有害因素是农业工作中健康损害的重要来源。生物性有害因素被定义为任何或可导致感染、变应反应、中毒或对人类健康造成危害的微生物、细胞培养基或人体内寄生虫。这些包括会引起感染和疾病的病毒和细菌、危险的植物和动物（例如寄生虫或昆虫）、受生物污染的粉尘或来自人和动物的排泄物。

大多数生物性有害因素是微生物，其中包括细菌、病毒、真菌、微生寄生虫和大寄生虫的微观感染性形式。

农业劳动者或可通过日常的工作生活接触到这些生物性有害因素，如直接接触动物、动物尸体，在畜舍和马厩地区或附近工作，或接触受污染的水——由此导致的健康损害举例：炭疽、破伤风、牛结核病。

信息

国家法规

在国家法规中有各种各样的方法，请查阅您的工会教育者提供的有关本国适用法律的概要，并在适用的地方使用相关法律。

协议

您的工会可能已经与您的用人单位就生物性有害因素的问题达成了集体谈判协议，请检查是否有适用的协议。

ILO《农业中的安全与卫生公约》（第 184 号，2001 年）：第 14 条

国家法律和条例须保证，当处理生物制剂时，要防止诸如感染、过敏或中毒一类的危险或将这些危险维持在最低限度，而涉及动物、牲畜的活动以及畜舍范围内的活动，必须遵守国家的或其他公认的安全与卫生标准。

ILO《农业中的安全与卫生建议书》（第 192 号，2001 年）：第 8 段

处理生物制剂和有关接触牲畜的措施应包括：

- 根据第 5 条采取的危险评估措施，以消除、防止或减少生物危险；
- 根据兽医标准和国家法律及惯例，就可传染人类的疾病对牲畜进行管理和检查；
- 对处理牲畜的保护措施，适宜时，提供适当的防护设备和服装；
- 对处理生物制剂的保护措施，假如必要，提供适当的防护用品和服装；
- 凡适宜时，对接触牲畜的劳动者进行免疫；
- 提供消毒剂和洗涤设备施，以及保养和清洗个人防护用品与服装；
- 如果接触有毒牲畜、昆虫或植物，提供急救、解毒剂或其他应急程序；
- 搬运、收集、储存和处理肥料和废物的安全措施；
- 处理和毁掉受传染牲畜尸体的安全措施，包括对受污染场所进行清洗和消毒；
- 包括警告标志在内的安全问题资料以及为接触牲畜的劳动者提供培训。

工会行动

集体谈判

您的工会能够通过集体谈判来克服国家健康和安全立法中的任何局限性。鼓励您的工会以 ILO《农业中的安全与卫生公约》（第 184 号，2001 年）第 14 条为基础，拟订关于生物性有害因素的协议。

预防建议

HSE 劳动者代表将需要确保风险评估时他们被予以有效的磋商。要确保已进行彻底的风险评估，制定了相关程序，预防或控制了对生物性有害因素的接触。以 ILO 第 192 号建议书中第 8 段为基础，与用人单位进行磋商。

工会行动检查表

√ 通过您对可能受影响的劳动者进行调查，识别是否有生物性有害因素方面的问题。

√ 利用本资料卡中的信息，进行一次特别的关于生物性有害因素方面的 HSE 检查。

√ 和您的工会成员一起决定优先事项。

√ 向您的用人单位索取一份有关生物性有害因素的风险评估报告。请谨记，根据 ILO《农业中的安全与卫生公约》（第 184 号，2001 年）的要求，开展风险评估。

√ 如果您的用人单位还未对涉及生物性有害因素的工作进行风险评估，要求他们进行风险评估。

√ 确保就潜在的涉及生物性有害因素的工作与您进行过磋商。

√ 确保用人单位的安全政策和工作体系解决了劳动者生物性有害因素风险的预防问题。

资料卡 4：化学物质

背景

有害因素

农业活动中使用的化学物质的数量庞大，种类繁多，且在不断增加，农用化学物质包括：

- 农药大部分都是人工合成的农用化学物质，用于消灭或控制各种“害虫”。主要类别有除草剂、杀虫剂、杀真菌剂和各种各样的化合物（详情见本书中手册 5）。农药是最危险的农用化学物质类别，因为它们的目的是杀死或损害不需要的生物有机体，并故意在环境中传播，而大多数其他化学物质的目的是限制其在特定区域的使用。
- 兽医产品——包括动物药物——是用于饲养动物 / 牲畜（包括鱼类）的化学物质，它们使用于动物皮肤，或口服或注射（详情见本书中手册 5）。
- 合成化肥，如硝酸盐和磷酸盐，适用于促进作物生长。如果不戴手套处理它们，它们能够刺激所接触的皮肤。它们也是重要的水污染物。在各种各样的释放出有毒烟雾的化肥周围存在着火灾风险。
- 商品化学物质，包括腐蚀性 / 侵蚀性物质，例如：用于秸秆处理的硫酸；用于青贮处理的丙酸；用于清洁商业温室玻璃的氢氟酸；以及在动物笼舍 / 设备中控制细菌的强力消毒剂。

预防和控制

谨慎对待所有化学物质，即使它们被标记为药物，预防和将接触此风险降到最低是很重要的。

化学物质在所有阶段都能够是有害的——从使用到处理、储存、运输、溢出和废弃。由于许多农业劳动者及其家庭成员就生活在他们工作的地方，所以他们面临着更多的危险，例如，接触到水、空气、受污染的土壤和他们食用的农产品中的农药和其他农用化学物质。

信息

国家法规

在国家法规中有各种各样的方法，请查阅您的工会教育者提供的有关本国适用法律的概要。

协议

您的工会可能已经与您的用人单位就化学物质的安全使用达成了集体谈判协议，请检查是否有适用的协议。

世界卫生组织：根据危害对农药的建议分类

查看本书中手册 5 中根据危害对农药的分类，了解您正在使用或接触的农药的危害类别。

ILO《农业中的安全与卫生公约》（第 184 号，2001 年）

第 12 条

各国需要确保：

- 有一个适宜的国家制度，对农业中使用的化学品的进口、分类、包装和加贴标签以及对于对其加以禁止或限制制定具体标准；
- 生产、进口等人员提供充分的资料；
- 有一项关于安全收集、回收和处理废料的适宜的制度。

第 13 条

国家法律和条例或主管当局须保证，企业一级对使用化学品和处理化学废料要有预防与保护措施。这些措施须特别涉及：

- 化学品的配置、搬运、施用、储存和运输；
- 会造成化学品分散的农业活动；
- 化学品所使用的设备与容器的保养、修理和清洗；
- 空容器的处置以及化学废料和过期化学品的处理与处置。

ILO《农业中的安全与卫生建议书》（第 192 号，2001 年）：第 7 段

应根据 ILO 1990 年第 170 号化学品公约与第 190 号建议书的原则及其他有关国际技术标准，采取为农业中化学品的健全管理所规定的措施。在企业一级要采取的预防和保护措施应包括：

- 为使用化学品的人员和为维修及清洗个人防护用品与化学品施用设备的人员提供适当的个人防护用品与服装，以及洗涤设施，劳动者无须为这些付费；
- 对被施用化学品的地区在喷洒过程中与喷洒后的预防措施，包括防止食品和饮用水以及洗涤和灌溉用水水源污染的措施；
- 以消除或最大限度地减少对安全与卫生和对环境危害的方式，搬运和处理不再需要的有危害化学品和已用完但可能残留有此种化学品的容器；
- 保持农药的施用登记；
- 持续基础上的农业劳动者培训，视情况，此种培训要包括关于做法和程序或有关各种危害以及预防措施的培训。

ILO《工作中化学物质安全使用公约》（第 170 号 ,1990 年）：第 10 ~ 16 条

用人单位必须确保：

- 所有在工作中使用的化学物质均有标签或标记，向劳动者及其代表提供可用的化学物质安全数据清单（CSDS）。
- 保存工作场所使用的有害化学物质的记录，并参照适当的化学物质安全数据清单，所有关切此事的劳动者及其代表都应能查阅该记录。

- 当将化学物质转移到其他容器或设备时，所载化学物质的说明方式应使劳动者知道这是什么化学物质、与使用该化学物质有关的一切有害因素和安全防范措施。
- 劳动者接触化学物质的程度不超过接触限值。
- 评估劳动者接触有害化学物质的情况。
- 监测和记录劳动者接触有害化学物质的情况。
- 保存工作环境监测和劳动者接触有害化学物质情况的记录，并允许劳动者及其代表查阅。
- 对工作中使用化学物质所产生的风险进行评估，并采用以下方法保护劳动者：
  - 选择可以消除或尽量减少此风险的化学物质；
  - 选择可以消除或尽量减少此风险的技术；
  - 采用适当的工程控制措施；
  - 采用可以消除风险或降至最小的工作体系和操作规程；
  - 采取适当的职业卫生措施；
  - 在采取了上述措施仍不足够的情况下，向劳动者免费提供并适当维护个人防护用品和防护服，并采取措施确保劳动者使用。
- 限制有害化学物质的接触，以保护劳动者的安全和健康。
- 提供急救。
- 做出处理紧急情况的安排。
- 以消除或尽量减少安全、健康和环境的风险的方式，处理和废弃不再需要的有害化学物质，以及已倒空但可能含有有害化学物质残留物的容器。
- 告知劳动者与工作场所使用的化学物质有关的有害因素。
- 指导劳动者获取和使用标签和化学物质安全数据清单上提供的信息。
- 化学物质安全数据清单以及特定于工作场所的信息应当作为准备劳动者说明书的基础，如果合适，应当被书面编写。
- 劳动者须持续接受训练，了解在工作中安全使用化学物质须遵守的操作规程和程序。
- 与劳动者或其代表就工作中使用化学物质的安全问题尽可能保持密切合作。

工会行动

集体谈判

您的工会能够通过集体谈判来克服国家健康和安全立法中的任何局限性。鼓励您的工会以 ILO《农业中的安全与卫生公约》（第 184 号，2001 年）和《工作中化学物质安全使用公约》（第 170 号，1990 年）的规定为基础，制定使用化学物质的协议。

有毒化学物质的替代品

您的工会能够积极寻求有毒化学物质的替代方法，如统筹生产与虫害管理方法（见本手册资料卡 14）或不使用化学物质的有机农业。

工会行动检查表

√ 在引进新化学物质之前，与工会进行过磋商并予以告知了吗?

√ 管理层已经在交流有关此物质的信息吗?

√ 这些信息是保持更新的吗?

√ 所有容器都被贴上了合适的标签吗?

√ 工作中使用的所有有害物质有可靠的化学物质安全数据清单吗?

√ 有一个 HSE 劳动者代表和劳动者能够查看的、在工作中使用的所有物质的集中登记吗?

√ HSE 劳动者代表独立检查物质的各种有害因素了吗?

√ 用人单位是否同意让 HSE 劳动者代表了解他们的化学物质、农药以及减少化学物质使用的策略?

√ 有处理与风险评估分歧有关的程序吗?

√ 已经达成了一致的日期、优先处理事项和目标吗?

√ 化学物质政策通过安全联合委员会进行监测了吗?

√ 保持告知劳动者工作进度了吗?

资料卡 5：有害的童工

背景

童工人数

2000 年，ILO《国际经济合作计划》（IPEC）报告称，全世界有 3.52 亿名儿童“从事经济活动”。在这 3.52 亿名儿童中，有 2.46 亿名 5 ~ 17 岁的儿童属于童工，ILO 规定应该废除童工。一代又一代的儿童被剥夺了在 21 世纪社会和经济中应获得的机会。据 2002 年 ILO 发布的估计，世界上每八个孩子中就有一个——大约 1.79 亿名 5 岁 ~ 17 岁儿童——处于在最恶劣的危及儿童的身体、精神或道义福祉的童工中，且这种情况在不断恶化。

据进一步估计：

- 超过 2/3（大约 70%）的童工从事农业工作；
- 至少有 90% 从事经济活动的儿童在发展中国家农村地区从事农业工作。

有害因素

虽然童工的健康尚未得到充分研究，但众所周知，儿童劳动者面临着许多职业健康和安全有害因素。职业有害因素和工作条件会对必须工作的儿童的长期发展产生永久性影响。无论是在身体上还是在精神上，童工都处于比成年劳动者更大可能地遭受与工作有关的健康问题的风险之中，例如：

- 儿童使用为成年劳动者设计的手动工具被认为会遭受更高的疲劳和受伤风险；
- 当儿童发现工作场所的个人防护用品不适合他们时，他们别无选择，只能不使用它或使用起不到保护作用的临时设备，例如，用手帕捂住鼻子和嘴，而非使用呼吸器；
- 未成年劳动者对高温的耐受性比成年人低；
- 在种植园和农场工作的儿童生活似更不稳定，因为他们经常和父母一起“跟着庄稼”

迁徙。孩子们随着父母的季节性工作迁徙而改变学校；他们长时间做着繁重而令人精疲力竭的工作。

信息

健康和安全法

在国家法规中有各种各样的方法，请查阅您的工会教育者提供的有关本国适用法律的概要。

ILO《农业中的安全与卫生公约》（第 184 号，2001 年）

第 16 条

分配从事可能损害青年人安全与卫生的农业工作，最低年龄不得低于 18 岁。在同有关用人单位和劳动者的代表性组织磋商之后，须由国家法律和条例或是由主管当局确定适用这一类型就业或工作类型。

国家法律或条例或是主管当局在同有关用人单位和劳动者的代表性组织磋商之后，可允许从 16 岁开始从事该款提及的工作，条件是提供适宜的先期培训，以及青年劳动者的安全与卫生得到充分的保护。

ILO《最低年龄公约》（第 138 号，1973 年）

第 138 号公约仍然是彻底废除童工的国家和国际行动的基石。虽然有效消除童工是最终目标，但它与贫穷和不发达等经济与社会因素密切相关，因此实现尚需时间。与此同时，无论一个国家的发展水平或经济状况如何，仍有某些形式的童工是不能容忍的，因此，第 182 号公约（见下文）的目标是针对不可容忍的现象，并呼吁立即采取行动消除最恶劣形式的童工。

ILO《关于禁止和立即行动消除最有害的童工形式公约》（第 182 号，1999 年）

第 1 条

凡批准本公约的成员国须采取立即和有效的措施，以保证将禁止和消除最有害的童工形式作为一项紧迫事务。

第 2 条

就本公约而言，“儿童”一词适用于 18 岁以下的所有人员。

第 3 条

就本公约而言，“最有害的童工形式”这一表达方式包括：

（a）所有形式的奴隶制或是类似奴隶制的做法，如出售和贩卖儿童、债务劳役和奴役，以及强迫或强制劳动，包括强迫或强制招募儿童，用于武装冲突；

（b）使用、招收或提供儿童卖淫、生产色情制品或进行色情表演；

（c）使用、招收或提供儿童从事非法活动，特别是生产和非法买卖有关国际条约中确定的麻醉品；

（d）其性质或是在其中从事工作的环境，很可能损害儿童的健康、安全或道德的工作。

第 4 条

在同有关用人单位组织和劳动者组织磋商之后，国家法律或条例或是主管当局在考虑有关国际标准特别是 1999 年最有害的童工形式建议书中第 3 和 4 款的情况下，须确定第 3（d）条提到的工作类型。

主管当局在同有关用人单位组织和劳动者组织磋商之后，须查明所确定的工作类型之存在。

根据本条第 1 款确定的工作类型一览表，须同有关用人单位组织和劳动者组织磋商，进行定期审查并视需要进行修订。

第 5 条和第 6 条

各成员国在同用人单位组织和劳动者组织磋商之后：

- 建立或指定适宜机制，监督落实本公约规定的实施；
- 制定和实施此类行动计划，将消除最有害的童工形式作为优先重点。

第 7 条

各成员国应：

- 采取所有必要措施，包括规定和执行刑事制裁，或是凡适宜时，其他制裁，以保证有效实施和执行落实本公约的规定。

- 采取有效的和有时限的措施，以便：

（a）防止雇用儿童从事最有害的童工形式的工作；

（b）为儿童脱离最有害的童工形式工作，以及为其康复和与社会结合，提供必要和适宜的直接支援；

（c）保证脱离了最有害的童工形式工作的所有儿童，能享受免费基础教育，以及凡可能和适宜时，接受职业培训；

（d）查明和接触处于特殊危险境地的儿童；

（e）考虑女孩的特殊情况。

- 指定主管当局，负责实施落实本公约的规定。

协议

您的工会可能已经与您的用人单位就消除童工的问题达成集体谈判协议，请检查是否有适用的协议。

国际行为守则

此外，一些面向出口市场的农业部门正在引入它们自己的自愿良好农业操作规程，其中包括 HSE 标准，例如，一个由工会和非政府组织组成的联盟（IUF 是其中的一员）已起草了《国际切鲜花生产行为准则》（International Code of Conduct for the Production of Cut Flowers），其中陈述：

“不应使用童工。不得有不满十五岁的或义务教育未毕业的劳动者，以两者中更严格的为准。18 岁以下的儿童不得在有害条件下工作（ILO 第 138 号公约）。应向任何重新安置的童工提供适当的过渡性经济援助和适当的教育机会。”

IUF 也已经：

- 与国际烟草种植者协会（International Tobacco Growers Association）签署了协议，共同努力消除烟草行业中的童工现象；
- 设立了一个新的信托基金，在消除烟草业的童工问题上发挥了重要作用。

工会行动

IUF 立场

IUF 坚信，从长远来看，改善获薪农业劳动者的条件将减少童工。然而，要求采取更迅速的行动，IUF 正在与 ILO 等国际机构合作，在短期内根除最有害的童工形式。

集体谈判

您的工会能够利用集体谈判来克服国家健康和安全立法中的任何局限性，鼓励您的工会以上述 ILO 公约的规定为基础，就消除童工问题达成协议。

工会行动检查表

√ 游说本国政府批准并全面实施 ILO 第 138、182 和 184 号公约。

√ 面向儿童工作的部门和领域。

√ 向国家有关部门施压，要求他们执行教育方面的法律。

√ 开展内部工会活动，增强意识，制定行动计划，建立社区联盟，打击使用童工。

√ 开展增加工会成员和谈判权的运动——强大的工会是阻止童工的最佳方式。

√ 与本国的其他组织建立联盟，密切合作，并与国外的工会团结一致。

√ 确保您国家的工会运动参与到行动计划的制定过程中。

√ 在能够消除童工之前，作为一项重要的短期措施，确保改善童工的工作条件。

资料卡 6：粉尘

背景

粉尘与健康损害

粉尘几乎在任何行业都是一个问题，工作场所的粉尘是有史以来最大的职业杀手之一，它缩短了成千上万人的寿命，给他们带来了痛苦，只要在物料被处理或粉碎时，就容易产生粉尘，例如：

- 谷物 / 蔬菜粉尘和来自面粉 / 动物饲料的粉尘，会通过职业性哮喘损害农业劳动者的健康；
- 木尘既能够使劳动者死亡，又能够损害劳动者的健康。

粉尘	所致疾病
纤维粉尘	尘肺病
有毒粉尘	中毒
刺激性粉尘	细胞损伤、支气管炎
变应性粉尘	变应反应、哮喘、肺泡炎
致癌性粉尘	癌症

此外，粉尘能够引起爆炸。许多粉尘——包括面粉、动物饲料粉尘、煤炭、木材、谷物糖、某些金属和合成有机化学物质，当分散在空气中的粉尘形成尘云时，一旦遇到火源，就会爆炸。

粉尘也会影响生产效率，导致产品损坏，没有粉尘应被认为是“安全的”，根据进一步的研究，甚至一些被声称为“惰性的”粉尘也被证明是对健康有实际危险的。

产生粉尘的工作活动

能够产生粉尘的工作活动的例子包括：

- 装袋或把袋子里的东西全部倒入进料斗或其他容器内；
- 用机械或手工输送物料；
- 清洁和维护工作；
- 从袋子或输送系统喂养牲畜；
- 清理泄漏物。

有机粉尘疾病

从事农业、制药、家具制造和食品制造业的劳动者接触动植物源粉尘，例如抗生素、谷物、面粉、牛奶和蛋粉、真菌孢子和酵母。在某些情况下，接触有机粉尘，如木尘，会导致毒效应或致癌，最大的问题是产生变应反应。

外源性变应性肺泡炎（或超敏性肺炎）

这是一种肺部疾病，由吸入有机粉尘颗粒引起，这些颗粒渗透到肺部，引起过敏反应，导致组织损伤（纤维化）和肺功能损害。下面将介绍一些比较常见的形式。急性症状在没有进一步接触的情况下通常是短暂存在的。慢性肺纤维化可发展为不可逆的肺纤维化。

- 农民肺（Farmer' s Lung）：先前对某些变质蔬菜，特别是干草和玉米，在搬运过程中产生的粉尘敏感者，会发展成农民肺。然而，变质的干草只是潜在的来源之一。真菌孢子常见于凋落物和各种储存饲料中，包括青贮饲料。几乎所有储存的草或谷物样本都不可能完全不含引起此疾病的真菌。当发放这些产品时，例如，在磨玉米或喂牛时，就可能吸入含有孢子的粉尘。这样的接触可能会使从事该工作的劳动者变得敏感，在此之后，即使接触极低浓度的孢子，也会产生症状。
- 蘑菇工人肺（Mushroom Worker' s Lung）：这是由于接触生长在用于产卵蘑菇的堆肥的真菌造成的，有关发病严重程度或恢复的报告差别很大。
- 麦芽工人肺（Malt Worker' s Lung）：在露天麦芽浆中，大麦翻生过程中大量释放到空气中的棒状曲霉。症状的严重程度各不相同。

- 蔗渣病（Bagassosis）：这是由处理甘蔗茎内的纤维材料时接触到孢子而引起的，这些纤维材料已被碾碎并榨出汁液。
- 其他原因：已报道过外源性过敏性肺泡炎的其他原因，包括某些硬木尘、发霉的木材产品、软木粉尘、奶酪霉菌、咖啡豆粉尘、腌制肉类上的霉菌、鱼粉和干腐灰尘。

信息

国家法规

在国家法规中有各种各样的方法，请查阅您的工会教育者提供的有关本国适用法律的概要。

协议

您的工会可能已经与您的用人单位就工作中的粉尘达成了集体谈判协议，请检查是否有适用的协议。

ILO《农业中的安全与卫生公约》（第 184 号，2001 年）

- 请见本书中手册 6 中用人单位职责的第 6、7 条；
- 请见本手册中资料卡 3 中的第 14 条。

工会行动

集体谈判

工会能够通过集体谈判来克服国家健康和安全立法中的任何局限性。鼓励您的工会以 ILO《农业中的安全与卫生公约》（第 184 号，2001 年）的规定为基础，制定关于预防粉尘有害因素的协议。

预防建议

HSE 劳动者代表需要确保他们对风险评估后有效地进行了磋商，要确保进行了彻底的风险评估并制定了相关程序，预防或控制了粉尘接触。

为避免吸入有害物质，能够采取以下措施：

- 尽可能使用替代物质；
- 改为低扬尘性物料，如颗粒、球团；
- 从源头上密闭粉尘或喷雾源；
- 用有高效过滤器的真空吸走泄漏物替代清扫。

能够通过以下方法减少吸入量：

- 采用局部排风；
- 在拖拉机 / 车辆驾驶室中使用有效的过滤器；
- 按照制造商的要求维护过滤器；
- 改善建筑物的通风条件；
- 穿戴有效的呼吸防护用品，即适用于防粉尘的面罩或呼吸器。

工会行动检查表

√ 通过对可能受影响的劳动者绘制自身身体图谱、调查或问卷等，确定是否有粉尘方面的问题。

√ 查明劳动者是否正在遭受任何可能由其工作场所的粉尘所致的健康损害体征（咳嗽、胸腔问题、气短、哮喘、皮疹等）。

√ 和您的成员一起决定优先事项。

√ 找您的用人单位要一份应已执行的粉尘风险评估报告的副本。

√ 确保您的用人单位正在执行一项有计划的、有时间表的粉尘预防和控制项目，并且与您和您的成员进行了磋商。

√ 如果您认为工会成员已遭受健康损害，请与工会官员磋商，他们或有权获得赔偿，并就成员要说什么给予咨询意见。

资料卡 7：工作中的电

背景

有害因素

农业劳动者能够因直接接触电而死亡或严重受伤。电在闭合电路中传送，其正常路径是通过导体。当身体成为电路的一部分时，就会发生触电。电流必须从一端进入身体，在另一端离开。触电通常以下面三种方式之中的一种发生，接触地面者同时接触到：

- 电路的两根电线；
- 通电电路的一根电线和地面；
- 由于与通电导体接触而变“热”的金属部分。

触电的严重程度：

当一个人成为电路的一部分时，所受到的触电的严重程度受到三个主要因素的影响：

- 流过身体的电流量（以安培计）；
- 电流通过身体的路径；
- 身体接触电流的持续时间。

其他可能影响触电严重程度的因素有电流频率、触电发生时心脏周期的阶段以及此人的总体健康状况。

触电的效应取决于电路的类型、电压、电阻、电流、通过身体的路径和直接接触的期限，其效应范围能够从难以察觉的刺痛到心脏立即停止跳动。

严重的触电能够对身体造成巨大的伤害，远超过肉眼可见，例如，一个人可能会出现内出血和组织、神经和肌肉的破坏。此外，触电往往只是一连串事件的开始，最后受的伤可能来自坠落、割伤、烧伤或骨折。

烧伤和其他伤害

最常见的触电相关伤害是烧伤，电力事故中的烧伤可分为三种类型：

- 电烧伤；
- 电弧烧伤；
- 高温接触灼伤。

电烧伤是电流流过组织或骨骼的结果。电流流过身体所产生的热量会造成组织损伤。电烧伤是人能遭受的最严重的伤害之一，应立即处理。

电弧或弧光灼伤是身体靠近高温附近的结果，是由电弧或爆炸产生的，也应得到立即处理。

高温直接接触灼伤通常指皮肤直接接触到过热的导体、管道或其他通电设备的热表面时所遭受的灼伤。此外，衣服可能在电力事故中被点燃，从而导致热灼伤，以上三种烧伤可能同时发生。

信息

国家法规

在国家法规中有各种各样的方法，请查阅您的工会教育者提供的有关本国适用法律的概要。

协议

您的工会可能已经与您的用人单位就电力的安全使用达成了集体谈判协议，请检查是否有适用的协议。

ILO《农业中的安全与卫生公约》（第 184 号，2001 年）

请见本书中手册 6 用人单位职责的第 6、7 条。

工会行动

集体谈判

您的工会能够通过集体谈判来克服国家健康和安全立法中的任何局限性，鼓励您的工会制定安全用电的协议。

工会行动检查表

√ 通过对可能受影响的劳动者进行自身的调查或问卷，确定是否存在电力有害因素方面的问题。

√ 利用本资料卡中的信息，针对电力进行一次专门的 HSE 检查。

√ 进行一项专门的 HSE 检查，重点检查所提供的信息以及从事电力工作的劳动者的健康和安全培训。

√ 与维修工交谈，确定他们是否面临特殊问题。

√ 调查用人单位健康和安全政策方针中是否已发布工作制度，并与您的成员讨论这些制度是否充分。

√ 和您的成员一起决定优先事项。

√ 向用人单位索取一份有关电力有害因素的风险评估报告的副本。请谨记，进行风险评估是 ILO《农业中的安全与卫生公约》（第 184 号，2001 年）所要求的。

√ 检查劳动者关于电力工作的培训政策和操作规程。

√ 确保您的用人单位雇佣有胜任力的电力劳动者。

√ 确保用人单位的安全政策和工作体系包括预防电力危险的程序。

资料卡 8：封闭和密闭空间

背景

有害因素

密闭空间是指由于封闭而导致严重伤害或死亡风险增高的任何地方，有些地方只有在建造、维护、翻修或劳动者进行其他形式的有害工序时才会成为“密闭空间”。

能够产生危险的原因：

- 缺氧；
- 有毒烟雾，焊接烟雾、气体或蒸气；
- 溺水；
- 可以突然充满空间或释放气体的液体和固体（例如，谷物）；
- 火灾或爆炸；
- 罐体、容器或浸渍内部表面的残留物；
- 粉尘；
- 高温。

在农场的密闭空间发生过多人死亡的事件——一名劳动者陷入困境，另一名劳动者试图营救第一名劳动者，但也被困在密闭空间里了。

在哪里可以找到密闭空间

农场的封闭空间有：

- 农产品仓库，如谷物 / 饲料筒仓和储料仓；
- 受控环境中的水果和蔬菜储藏室；
- 洗井期间；

- 化学物质储存库和储存罐中；
- 在谷物升降机坑、浆料坑、料仓或车辆监督坑等坑里。

信息

健康和安全法

在国家法规中有各种各样的方法，请查阅您的工会教育者提供的有关本国适用法律的概要。

协议

您的工会可能已经与您的用人单位就密闭空间的工作达成了集体谈判协议，请检查是否有适用的协议。

ILO《农业中的安全与卫生公约》（第 184 号，2001 年）

请见本书中手册 6 用人单位职责的第 6、7 条。

工会行动

集体谈判

您的工会能够通过集体谈判来克服国家健康和安全立法中的任何局限性，鼓励您的工会制定有关密闭空间的工作的协议。

促进用人单位的行动

用人单位应根据下列原则建立安全的工作体系：

- 避免在密闭空间内工作，尽可能在外面工作。

- 当不可避免在密闭空间内工作时，使用以风险评估为基础的防范措施。
- 提供有胜任力的劳动者。
- 测试大气，以确保它能够维持生命，并且不含有危险浓度的气体。注意泥浆坑可能在测试后持续释放有毒气体。
- 确保密闭空间在进入前通风良好。
- 提供个人防护用品，包括呼吸器。
- 做出充分的应急安排，在工作开始前也将保障救援者的安全。
- 确保在密闭空间内工作时至少有两名劳动者，并明确规定在密闭空间外工作的劳动者的任务。
- 提供救援设备，包括安全带和安全绳。
- 开发出问题时与应急服务部门联系的体系。

工会行动检查表

√ 对可能受影响的劳动者用您自己的调查，确定是否存在密闭空间方面的问题。

√ 使用本资料卡中的信息，针对密闭空间进行专门的 HSE 检查。

√ 进行一项专门的 HSE 检查，重点检查所提供的信息以及为必须在密闭空间作业的劳动者开展的健康和安全培训。

√ 调查用人单位健康和安全政策方针中是否已发布工作制度，并与您的成员讨论这些制度是否充分。

√ 确保该政策陈述了在进行密闭空间作业之前，要事先与 HSE 劳动者代表磋商。

√ 和您成员一起决定优先事项。

√ 向用人单位索取一份有关密闭空间的风险评估报告的副本。请谨记，进行风险评估是 ILO《农业中的安全与卫生公约》（第 184 号，2001 年）所要求的。

√ 检查用人单位在密闭空间作业方面的培训政策和操作规程。

√ 确保用人单位配备有胜任力的人员以处理在密闭空间作业。

√ 确保用人单位的安全政策和工作制度包括在密闭空间作业的程序。

资料卡 9：工效学

背景

什么是工效学

工效学是研究工作与作业环境（工作场所）和工作人员（劳动者）之间的关系。它用于确定如何设计工作场所以使其更适合劳动者，以预防各种健康问题并提高效率。换句话说，是使其岗位符合劳动者要求，而不是强迫劳动者符合岗位要求。

如果不应用工效学原理，工具、机器、设备和工作台的设计往往不会充分考虑到实际中人的身高、体型各不相同，以及有不同水平的力量。在这方面女性劳动者遭受的影响尤其大。

有害因素、伤害和健康损害

对许多劳动者来说，工效学问题可能未被列入他们所面临的健康、安全和环境方面要优先解决的问题的清单中。然而，大量且越来越多的农业劳动者受到不良工作设计的影响，使工效学议题变得重要。

通常，劳动者几乎没有选择的余地，被迫适应设计糟糕的工作条件，这会导致双手、手腕、关节和背部严重受伤。特别是，伤害会由以下原因造成：

- 长时间重复性使用振动工具和设备；
- 坐在设计不佳的拖拉机驾驶室和座椅上所产生的全身振动；
- 要求手或关节扭动运动的工具和任务；
- 在难受的姿势下施力；
- 对手、背部、手腕或关节施加过度压力；
- 工作时双臂外展或举过头顶；

- 工作时背部弯曲；
- 举起或推重物。

工效学涵盖什么

工效学是一门广泛的科学，包括各种能够影响劳动者舒适和健康的工作条件，包括的因素列举如下：

- 采光和温度；
- 噪声和振动；
- 工具、机器和工作台的设计；
- 鞋类及防护用品；
- 工作组织和岗位设计，包括轮班作业、工间休息和饮食等因素。

信息

健康和安全法

在国家法规中有各种各样的方法，请查阅您的工会教育者提供的有关本国适用法律的概要。

协议

您的工会可能已经与您的用人单位就工效学达成了集体谈判协议，请检查是否有适用的协议。

ILO《农业中的安全与卫生公约》（第 184 号，2001 年）

第 9 条

国家法律和条例或主管当局须规定，农业中使用的机器、包括个人防护用品在内的设备、用具和手工工具要符合国家的或其他公认的安全与卫生标准，并恰当地予以安装、维修和防护。

制造商、进口商和供应商应遵守第 1 款提到的标准，并做到：

- 提供充分而适宜的资料；
- 以使用国的一种或多种官方语言张贴危害警告标志。

用人单位须保证劳动者能收到并能看懂制造商、进口商和供应商提供的安全与卫生资料。

ILO《农业中的安全与卫生建议书》（第 192 号，2001 年）

第 6 段

应在考虑使用国当地条件，特别是考虑工效学影响和气候作用的情况下采取措施，以保证恰当地选择或改造技术、机器和包括个人防护用品在内的设备。

工会行动

集体谈判

您的工会能够通过集体谈判来克服国家健康和安全立法中的任何局限性，鼓励您的工会制定协议以解决工效学有害因素。

基本工效学原理

当应用工效学原理来解决或预防问题时，通常最有效的方法是对具体案例逐个解决来检查工作条件。有时，在设备、工作台或工作任务的设计中，即使是微小的工效学改变，也能够显著改善劳动者的舒适度、健康、安全和生产效率，例如：

手持工具

手持工具应具有良好的质量，并根据工效学的要求设计。为了预防健康问题，手持工具应合理设计以同时符合个人和任务的需求，下面列出了一些工效学指南：

- 选择能让劳动者使用肩膀、胳膊和腿上较大肌肉，而不是手腕和手指上较小肌肉的工具。

- 避免手持工具保持在举起的位置或长时间抓握重物，设计合理的工具容许劳动者保持肘部靠近身体，以预防对肩膀或手臂的伤害；此外，设计合理的工具不要求劳动者弯曲手腕，弯腰或扭转身体。
- 确保手持工具是为不同性别的劳动者设计的。
- 选择适合整个手的足够长的手柄，这将有助于减少对手掌或手指和手关节产生的不舒服压力。
- 不要使用能够夹住手指和皮肤的工具。
- 选择双柄工具，如剪刀、钳子或夹子，这些工具应有一个宽距，不过度伸展手部。
- 不要选择手柄有轮廓的工具，它们只适合一种大小的手，会给与之不匹配的手施加压力。
- 确保工具的手柄易于抓握。手柄也应该有良好的电绝缘，他们不应该有任何尖锐的边缘或尖角；可以用软塑料包裹在把手上，使它们不那么滑。
- 避免使用迫使手腕弯曲或处于难受姿势的工具。重新设计工具，使工具弯曲，而不是手腕弯曲。
- 选择重量平衡的工具，并确保使用姿势正确。
- 确保工具得到适当的维护。
- 工具应适合右利手或左利手。

岗位设计

在设计岗位时将人的因素纳入考虑是很重要的。设计良好的岗位要考虑劳动者的性别、精神和身体特征以及健康和安全条件。一个设计良好的岗位应做到以下几点：

- 容许劳动者变换其身体的姿势；
- 包含一系列精神激励任务；
- 给劳动者一些决策自由，让其能够根据个人需求、工作习惯和工作环境改变自己的工作活动；
- 给劳动者一种成就感；
- 提供足够的培训，教劳动者其岗位所要求的工作以及如何完成这些工作；
- 提供足够的工作或休息时间安排，容许劳动者有足够的时间完成任务，并得到充分的休息；

- 容许为新工作任务留出一段调整期。

工会行动检查表

√ 通过问卷或身体图谱，对可能受影响的劳动者进行调查，确定是否有工效学方面的问题。

√ 使用本资料卡中的信息，进行一次专门的 HSE 检查，聚焦于工效学有害因素。

√ 和您的成员一起决定优先事项。

√ 向用人单位索取一份关于您所关切的工效学有害因素的风险评估的副本。请谨记，根据 ILO《农业中的安全与卫生公约》（第 184 号，2001 年）要求，进行风险评估。

√ 确保用人单位配备有胜任力的人员处理工效学有关问题。

√ 确保就工效学问题和潜在的解决方案，您和您的成员都进行过磋商。

√ 确保用人单位的安全政策和工作体系提供了承诺，以合理的工效学原则为基础设计工作。

资料卡 10：跌落

背景

有害因素

跌落可能发生在高处，也可能发生在同一水平面上。通常在同一高度跌落发生的原因有表面光滑、地面不平整、采光差、被物体绊倒或被移动的物体推倒。

事故最常见的原因之一是从梯子或工作台上坠落。在储料仓、筒仓、谷仓和其他存储结构中，从高处跌落最常发生在存储结构或在其内部。原因是无保护装置的屋顶、地板开口、楼梯、阁楼和竖井，攀登梯子或站在升高的工作区域（如无防护的平台）上，爬上或爬下运输装置（如货车、手推车和拖拉机）也可能导致高处坠落。

信息

健康和安全法

在国家法规中有各种各样的方法，请查阅您的工会教育者提供的有关本国适用法律的概要。

协议

您的工会可能已经与您的用人单位就预防跌落达成了集体谈判协议，请检查是否有适用的协议。

ILO《农业中的安全与卫生公约》（第 184 号，2001 年）

见本书中手册 6 用人单位职责的第 6、7 条。

工会行动

集体谈判

您的工会能够通过集体谈判来克服国家健康和安全立法中的任何局限性，鼓励您的工会制定协议以预防跌落，工会应该在新建筑和工作制度的规划阶段就参与进来。

促进用人单位的行动

用人单位应该确保设计出安全的工作制度，以预防在工作时跌落。例如，如果需要定期进出，并且有从高处跌落的危险，则应安装固定的进出方式。保护免受跌落的措施应包括:

建筑物

- 确保在设计阶段就消除跌落的隐患；
- 使用固定住的方式进入高处；
- 在倾斜屋顶上安装护栏、踏脚板、猫梯或爬板；
- 地板破洞处、阁楼和竖井的安全保护装置；
- 提供安全栅栏或其他类似的有效措施，预防人们从边缘掉下来；
- 由顶部和底部的护栏组成坚固而稳定的栅栏，以阻拦可能跌落或碰到它的人；
- 给临时的洞穴安装安全保护装置；
- 使用标准楼梯台阶，在两侧设置扶手，并在有必要时安装防滑条；
- 如果梯子成了通往工作场所的常规工具，则应该用固定台阶代替。

储罐、矿坑和筒仓

- 应提供足够的防护以预防人坠落；

- 应提供安全的覆盖物或栅栏，其高度应至少比人可能坠落的最高点高 1100 毫米。

捆包——装载拖车和堆垛

- 提供状况良好的拖车地板，并有安全的通道，如干草梯；
- 禁止劳动者骑在货物上；
- 在非承重侧用栅栏保护堆垛的边缘；
- 提供固定到位的梯子，便于进出。

梯子

- 如果有更安全的工作方式，应避免使用梯子，例如，使用脚手架或工作平台；
- 提供永久性的梯子，但在梯子不使用时，锁住梯子底部，以预防未经许可使用；
- 在永久性梯子、防护平台和楼梯平台上提供把手；
- 开展定期监督项目，维护梯子、延伸梯及折叠式四角工作梯，使其保持良好状态；
- 为劳动者提供关于使用梯子的培训项目；
- 确保梯子有牢固的支撑点，绝不要靠在脆弱的表面；
- 把梯子放置在最稳定的角度，四个联结的斜面，每面都从底基伸展；
- 除非有适当的把手提供适当的支撑，否则应在落脚点或使用中的最高横档上方至少延长 1 米；
- 延伸的梯子应至少有三个梯级的重叠；
- 预防打滑，例如，在梯子的顶部、侧面或底部拴紧；
- 禁止在有来自动物、移动车辆或电线的危险的地方使用梯子；
- 销毁自制的或有缺陷的梯子。

地面和其他通道

- 保持地面状况良好，无凹凸不平的表面，无孔洞和废物或打滑物质的堆积；
- 封闭可能排放或泄漏液体的工序或工厂，并将泄漏物围堰住或排除。

工会行动检查表

√ 通过您对可能受影响的劳动者进行调查，确定是否有工作中跌落方面的问题。

√ 利用本资料卡中的信息，进行一次专门 HSE 检查，聚焦于检查工作场所的跌落情况。

√ 进行专门检查，聚焦于检查所提供的信息，以及对处于跌落风险中的劳动者的健康和安全培训。

√ 与维修工交谈，查看他们是否面临特殊问题。

√ 调查用人单位健康和安全政策中为预防在工作中跌落而制定的工作制度，并与您的成员讨论这些制度是否充分。

√ 和您的成员一起决定优先事项。

√ 向用人单位索取一份关于跌倒有害因素的风险评估报告的副本。请谨记，进行风险评估是 ILO《农业中的安全与卫生公约》（第 184 号，2001 年）所要求的。

√ 检查用人单位关于有跌落风险的工作的培训政策和操作规程。

√ 确保与您磋商过那些有潜在跌落风险的工作。

√ 确保用人单位的安全政策和工作制度包括预防跌落的程序。

资料卡 11：急救

背景

立即的急救能够：

- 处理损伤；
- 减轻疼痛；
- 帮助受伤的人尽快康复；
- 有时拯救生命。

忽视或未充分处理明显的微伤，可能导致感染和健康损害，因此，所有农场和种植园都应配备急救设施 / 设备和受过培训的急救人员。

信息

健康和安全法

在国家法规中有各种各样的方法，请查阅您的工会教育者提供的有关本国适用法律的概要。

协议

您的工会可能已经与您的用人单位就急救达成了集体谈判协议，请检查是否有适用的协议。

ILO《农业中的安全与卫生建议书》（第 192 号，2001 年）

第 5 段

为落实公约第 7 条，企业一级的一套安全与卫生措施应包括：

（c）处理事故和紧急情况的措施，包括急救以及前往医疗设施时可利用的适宜交通工具；

（d）登记和报告事故与疾病的程序。

工会行动

集体谈判

您的工会能够通过集体谈判来克服国家健康和安全立法中的任何局限性，鼓励您的工会为急救和医学治疗制定协议。

促进用人单位的行动

用人单位应委任一名具有胜任力的劳动者：

- 负责安排急救工作；
- 看管好急救设备和设施；
- 在人们工作时，随时待命；
- 提供合适的容器储存急救设备；
- 向劳动者提供急救安排的信息。

在农业领域，其工作可能远离急救或医疗服务区，因此应为远程工作者提供旅行急救箱。

在农业工作中使用的一些物质能够对健康产生严重影响，所有使用者和有胜任力者都应接受万一接触时实施急救措施的培训。

工会行动检查表

√ 通过您对可能受影响的劳动者进行调查，确定是否存在工作中急救方面的问题。

√ 利用本资料卡中的信息，进行一次专门的聚焦于急救的 HSE 检查。

√ 进行专门检查，聚焦于检查所提供的信息和劳动者的急救培训。

√ 调查用人单位的健康和安全政策，并讨论其急救措施是否充分。

√ 和您的成员一起决定优先事项。

√ 确保您被磋商过有关急救的条款。

√ 确保用人单位的安全政策和工作制度纳入急救程序。

资料卡 12：健康与安全和女性劳动者

背景

为什么关注健康与安全和女性劳动者?

研究女性职业健康与安全问题是很重要的，有许多原因：

- 人们对女性面临的风险知之更少；
- 在农业方面，许多妇女从事无保障就业类型的工作，得不到相关法律或集体谈判协议的充分保护；
- 立法不区分女性和男性的工作岗位，许多标准是由男性为男性考虑而制定的；
- 男性和女性之间存在着生理上的差异，对工作场所产生影响；
- 除了工作场所的有偿轮班外，大多数女性在家庭中承担无偿工作的主要责任。

有害因素

根据 ILO 的数据，每天有 500 人死于与工作有关的伤亡事故或疾病，有 2.7 亿起事故和 1.6 亿起与工作有关的疾病。虽然性别分类不详，但出于以下原因，女性劳动者仍然持续遭受痛苦：

- 压力；
- 人工搬运；
- 重复性劳损（Repetitive Strain Injuries，RSI）；
- 暴力；
- 工作中的性骚扰。

最近，在加利福尼亚组织草莓采摘劳动者的美国工会成员指出，由于接触农药，女性劳动者面临着如下风险：

- 生下残疾儿童的风险；
- 流产；
- 不孕不育；
- 患乳腺癌。

国际新闻通讯社说，研究已经反复证明，环境中的化学物质和其他毒素对女性的健康有特别毁灭性的影响。

信息

健康和安全法

在国家法规中有各种各样的方法，请查阅您的工会教育者提供的有关本国适用法律的概要。

协议

您的工会可能已经与您的用人单位就女性健康和安全达成了集体谈判协议，请检查是否有适用的协议。

ILO《农业中的安全与卫生公约》（第 184 号，2001 年）

请见本书中手册 6 用人单位职责的第 6、7 条。

ILO《农业中的安全与卫生建议书》（第 192 号，2001 年）

第 6 段

应在考虑使用国当地条件，特别是考虑工效学影响和气候作用的情况下采取措施，以保证恰当地选择或改造技术、机器和包括个人防护用品在内的设备。

ILO《农业中的安全与卫生公约》（第 184 号，2001 年）

第 18 条

须采取措施，以保证考虑到农业女工的以下特殊需要：

- 妊娠；
- 母乳喂养；
- 生殖卫生。

ILO《农业中的安全与卫生建议书》（第 192 号，2001 年）

第 10 段和第 11 段

用人单位应：

- 凡切实可行时，提供工作场所内的用餐设施和哺乳设施；
- 提供男女劳动者分开的或是分开使用的卫生与盥洗设备。

应采取措施，以保证对与妊娠或哺乳妇女的安全与卫生和与妇女的生殖卫生有关的任何工作场所危害进行评估。

ILO《生育保护（maternity protection）公约》（第 183 号，2000 年）

第 2 条

本公约适用于所有就业妇女，包括从事非典型形式的隶属工作的妇女。

第 3 条

在同有代表性的用人单位组织和劳动者组织磋商之后，各成员国须采取适宜措施，以保证孕妇或哺乳妇女不得从事主管当局确定的会损害母亲或儿童健康的工作，或是经评估确定对母亲的健康或儿童的健康有重大危险的工作。

第 4 条

经出示医疗证明或其他适宜证明说明预产期——这由国家法律和惯例确定，本公约所适用的妇女须有权享受时间不少于 14 周的产假。

除非在国家一级政府和有代表性的用人单位组织与劳动者组织另有议定，出于对保护母亲健康和儿童健康的应有考虑，产假须包括 6 周时间的产后强制性休假。

第 5 条

在因妊娠或分娩而引起患病、并发症或有并发症危险的情况下，经出示医疗证明，须在产假期之前或之后提供休假。此种休假的性质和最长期限，可根据国家法律和惯例具体确定。

第 8 条

1. 用人单位在妇女妊娠期间或是在休第 4 条或第 5 条所说假期而缺勤期间，或是在其重返工作岗位后国家法律或条例规定的一段时间内，终止其就业是非法的，除非终止的理由同妊娠或分娩及其结果或哺乳无关。证明解雇的理由同妊娠或分娩及其结果或哺乳无关的责任，由用人单位承担。

2. 要保证妇女在其产假结束后返回同一岗位或工资相同的岗位的权利。

第 10 条

1. 须使妇女拥有可每日一次或多次休息或是减少每天工时为其婴儿哺乳的权利。

2. 允许哺乳时间或减少每天工时的那段时间、哺乳休息的次数和时间的长短，以及减少每天工时的程序，须由国家法律和惯例确定。这些休息时间或每天所减少的工时，须算作工作时间，因而要付给报酬。

工会行动

集体谈判

您的工会能够通过集体谈判来克服国家健康和安全立法中的任何局限性，鼓励您的工会制定协议，以具有性别敏感性的方式解决妇女健康和安全问题。

性别敏感性方式

传统的性别中立的（gender-neutral）健康和安全做法在保护妇女免受伤害的方面失效，对于每个人工作都必须是安全的，健康和安全的指南和法律只适用于男性或只影响男性的工作岗位是不可接受的，这将以如下方式导致歧视：

- 工效学意义上，假定的肢体长度、伸手可及距离等方面；
- 肌肉力量，尤指使用手工具时的肌肉力量；
- 人工操作，如果女性和男性之间无区别；
- 化学接触，其中许多标准是基于男性的身体，并没有考虑到“双重接触”，即女性可能在工作和家庭中接触相同的化学物质；
- 个人防护用品（PPE），不合适的 PPE 会是女性劳动者在工作场所受伤的一个重要原因；
- 健康和安全培训，女性接受培训似乎比男性少。

促进用人单位的行动

安全政策应该：

- 包括一项旨在平等对待男性和女性的一般性声明；
- 详细说明用人单位将如何倾听女性的关切；
- 确定女性和男性分别接触的任何有害因素；
- 指出针对女性特有的风险将采取什么措施。

风险评估

风险评估应解决妇女的需要，并包括怀孕、母乳喂养和生殖健康。在风险评估中应特别处理影响妇女的有害因素（有些可能也影响男性），这些包括：

- 背部劳损和重复性劳损；
- 危险化学物质、物理性和生物性有害因素；
- 生殖健康有害因素；
- 压力；
- 暴力和性骚扰；
- 工作组织和无保障就业的影响。

行动计划

在进行风险评估后，用人单位必须采取措施消除该风险、将该风险最小化或控制该风险，工会应确保：

- 他们和女性劳动者一样被磋商；
- 一项处理女性劳动者面临的风险的行动计划；
- 一项具体说明使女性如何更安全和更健康的行动计划；
- 一项传达给女性劳动者的行动计划。

工会行动检查表

√ 调查工作场所的女性，确认她们对问题的看法。

√ 使用本资料卡中的信息，进行一项聚焦于女性的健康和安全的专门 HSE 检查。

√ 进行专门检查，聚焦于检查所提供的信息以及对女性劳动者的健康和安全培训。

√ 与女性工会成员一起决定优先事项。

√ 检查风险评估是否涵盖了对女性劳动者的风险。请谨记，进行风险评估是 ILO《农业中的安全与卫生公约》（第 184 号，2001 年）所要求的。

√ 确保用人单位的安全政策涵盖女性的健康和安全。

资料卡 13：工作时数

背景

工作时间

有许多因素与工作时间有重要关系，这些包括：

- 工作周的时长；
- 加班在农业工作中很常见，尤其是在收获季节和其他高峰时期；
- 休息期和工间休息；
- 轮班和夜班作业；
- 假期和休假。

有害因素

工作时数和工作时数的安排方式能够非常显著地影响劳动者的健康，工作时间过长会使劳动者筋疲力尽，甚至会增加伤亡事故发生的风险，长时间工作以及工作时间的安排方式会导致：

- 身体和精神上的过度损伤和疲劳；
- 压力增加；
- 工作质量低下，错误增加；
- 由疲劳引起的伤亡事故增多；
- 睡眠困难；
- 人体免疫系统的活跃程度降低；
- 对家庭生活及社会活动产生干扰。

长时数工作的负面影响会因以下因素而恶化：

- 极端气候条件；
- 卫生条件差；
- 营养不良；
- 总体健康状况差；
- 住房条件差；
- 上下班通勤时间长。

花在工作上的时间

劳动者有自由的休息和休闲时间是很重要的，所以应该抵制过长的工作时间，加班是以牺牲休息、家庭和休闲为代价的，同时还会导致健康问题。

同样，休息期和工间休息对劳动者的健康也很重要，适当的休息期和工间休息应包括：

- 工作期间内的数次短暂休息；
- 更长的工间休息用于用餐；
- 充足的白天或夜间休息；
- 充足的周休息；
- 带薪休假。

信息

健康和安全法

在国家法规中有各种各样的方法，请查阅您的工会教育者提供的有关本国适用法律的概要。

协议

您的工会可能已经与您的用人单位就工作时间达成了集体谈判协议，请检查是否有适用的协议。

ILO《农业中的安全与卫生公约》（第 184 号，2001 年）

第 20 条

农业劳动者的工时、夜间工作和休息时间须符合国家法律和条例或符合集体协议。

这是首次在 ILO 公约中将工作时数、休息期、夜班作业与工作中的健康和安全联系起来，反映了对这个过去经常忽视的议题的崭新的、现代的思考和研究。

ILO《带薪休假公约》（第 101 号，1952 年）

第 1 条

从事农业工作及有关职业的劳动者在同一用人单位连续工作满一段时间的，每年给予带薪休假一次。

第 2 条

1. 批准本公约的成员国应自由决定以何种方式规定农业带薪休假。

2. 这种规定可酌情通过集体协议的方式或委托具体机构来制定农业带薪休假的法规。

第 3 条

所要求的持续工作的最小期限和最短带薪年休假期，由国家法律或条例、集体协议、仲裁书，或由农业带薪休假的专门授权机构来规定，或以任何其他经主管机关批准的方式。

其他 ILO 的标准

ILO 有许多与工作时间有关的公约，例如：

- 《（工业）周休息公约》（第 14 号，1921 年）；
- 《每周四十小时公约》（第 47 号，1935 年）；
- 《夜班作业公约》（第 171 号，1990 年）；
- 《带薪休假公约（修订）》（第 132 号，1970 年）。

尽管其中一些公约排除了农业工作，但它们的一些标准能够被“借用”，用于谈判。

工会行动

集体谈判

您的工会能够通过集体谈判来克服国家健康和安全立法中的任何局限性，鼓励您的工会就工作时间和工作时数制定协议。

要问的关键问题

- 每天的工作时间留有足够的休息和休闲时间吗？
- 您每周实际工作时间有合理限值吗？
- 有用于用餐的足够工间休息吗？
- 有安排在日程表里的短暂工间休息吗？
- 周休息期充分吗？
- 提供了带薪年休假吗？带薪年休假充分吗？
- 有其他满足个人需要的休假方式吗？

工会行动检查表

√ 通过您对可能受影响的劳动者进行调查，确认您在工作时间安排上是否有问题。

√ 使用本资料卡中的信息，做一个聚焦于工作时间的专门 HSE 检查。

√ 调查此用人单位的健康和安全政策，并判断工作时间是否被视为一个健康和安全议题。

√ 和您的成员一起决定优先事项。

√ 确保就工作时间问题，用人单位与您进行了充分磋商。

√ 确保用人单位的健康和安全政策有效地将工作时间视为一个健康与安全主题。

资料卡 14：统筹生产与虫害管理（IPPM）

背景

统筹生产与虫害管理（Integrated Production and Pest Management，IPPM）是什么

IPPM 是减少对合成化学农药的使用依赖的主要替代方法之一。IPPM 强调在对农业生态系统破坏最小的情况下生长健康的作物，并鼓励建立自然的虫害防治机制。IPPM 有时也被称为统筹虫害管理（Integrated Pest Management，IPM）、统筹虫害防治（Integrated Pest Control，IPC）和统筹作物管理（Integrated Crop Management，ICM）等。

IPPM 防治与化学物质防治的区别

用合成农药进行化学防治的亮点在于，它似乎能在非常有限的期间内为害虫问题提供一种快速、整洁和有效的解决办法。然而，很快会产生虫害耐受、次生虫害成为主要虫害和自然生物防治水平较低问题的叠加效应，这会导致喷洒农药的数量和频率增加，农药成为生产成本的主要支出，最极端的情况是收益率下降，化学物质成本呈螺旋式上升。

相反，一个有效的 IPPM 项目必然是复杂的，它要求对当地农业生态系统以及农田中不同生物体功能的知识和理解，如虫害和天敌。在对农田管理作出任何决定之前，农民和农业劳动者必须对农田或果园进行取样，计算害虫的数量，防治害虫的有益捕食者、寄生虫和病原体（疾病）的数量，并测量作物的生长情况。对这些观察结果进行分析，从而形成虫害管理决策的基础。只有当主要害虫数量高而天敌数量低时，才需要进行干预。IPPM 的目标不是消灭或灭绝物种，而是将有害生物的数量减少或维持在不造成经济伤害和损失的水平以下。

与化学防治不同，没有两个解决虫害问题的 IPPM 决策是完全相同的。防治主要害虫的方法有很多种，这取决于此虫害的性质以及使这一虫害成为问题的生态、环境、气候和社会条件。没有单一的 IPPM 体系，它是多种技术的结合，包括栽培方法、培育品种选择、种植时机、生物控制、宿主植物抵抗力、栽培控制，灭虫（无菌）防治，伴随使用化学物质，如信息素或昆虫生长调节剂，来改良害虫行为。选择使用哪种技术的组合，将因耕作系统、地理和气候位置以及社会经济内涵的不同而异。

增强技能

与施用常规农药等传统虫害防治技术相比，IPPM 要求农民和 / 或农业劳动者掌握更高水平的技能。在采取 IPPM 防治措施之前，种植者、农民或农业劳动者充当“侦察员”，必须：

- 对农田或果园进行取样，观察害虫数量、天敌数量、植物生长状况和其他因素；
- 在尽可能避免使用化学农药的同时，根据一系列 IPPM 措施，分析现场情境，并决定采取什么行动；
- 继续定期监测作物，以评估各类控制措施是否成功。

信息

在联合国粮农组织（Food and Agriculture Organization of the United Nations，FAO）的《国际农药供销和使用行为守则》（2003 年修订版）中，“统筹虫害管理（IPM）意味着全面考虑所有可用的虫害防治技术，随后综合采取适当措施，不鼓励虫害种群的发展，将农药和其他干预措施保持在经济上合理的水平，并降低或将对人类健康和环境的风险降至最低。IPPM 强调在对农业生态系统破坏最小的情况下种植健康的作物，并鼓励建立自然虫害控制机制”。

现在被称作 IPPM 的四项关键原则是由全球 IPM 机构[1] 提出的：

[1] 译者注：全球统筹虫害管理机构（Global IPM Facility）是联合国粮农组织（FAO）联合国开发计划署（UNDP）、联合国环境规划署（UNEP）和世界银行的一个联合项目。

1. 种植健康的作物，保全健康的土壤；
2. 保全天敌——害虫、寄生虫和病原体；
3. 定期观察所种作物；
4. 农民和农业劳动者都是专家。

农药行业通向 IPPM 之路

农药行业表示，他们承诺对 IPPM（FAO 国际行为守则定义的版本）付诸行动，然而，农药行业对 IPPM 的做法往往主要集中在化学农药的使用上，总的来说，行业将 IPPM 推广为“统筹农药管理”，而非彻底的 IPPM，IPPM 的目标是成为尽可能减少对农药依赖的方法。

IPPM 的经济、社会和环境效益

其部分效益包括：

- 害虫只有在开始造成经济损失时才会被控制，这样整体控制成本就会降低生产成本；
- 消除或将昂贵的和有害的做法降至最少，如美化食品作用的或常规或计划的化学农药的喷洒；
- 通过理想地完全消除化学物质或减少喷洒频率和 / 或降低剂量率来减少农药的使用；
- 在使用化学控制的地方，用毒性更小，持久性更少，和 / 或更有选择性的化学物质或配方产品，甚至生物农药，替代更具毒性、持久性和生物蓄积性的物质；
- 粮食作物中没有或较低的化学农药残留，会改善食品质量和安全；
- 捕食性昆虫、寄生虫或（真菌 / 细菌 / 病毒）疾病（病原体）和作物竞争的自然控制做到最大化；
- 消除或减少农药的使用，以及使用毒性较小、持久性和生物蓄积性较低的材料，意味着对使用或接触化学农药的劳动者，以及对附近的农业和农村社区、对河道和总体环境的风险降低；
- 消除或减少化学农药对作物的损害，包括对邻近作物造成损害的喷溅问题。

工会行动

取得的进展

发展中国家和发达国家的统筹生产与虫害管理（IPPM）项目在减少农药使用及其对健康和环境的负面影响方面取得了重大进展。自 20 世纪 80 年代初以来，它帮助提高了作物生产的可持续性，并全面改进了植物保护方法、战略和政策。

使 IPPM 发挥作用的是什么

尽管 IPPM 十分复杂，但其确实能够并且对包括小农场主在内的体系起作用。农民对生态系统的理解提高了，他们也能更好地管理自己的农业生态系统（包括虫害和生产方面）。然而，为使其发挥作用，需要一些先决条件，包括：

- 政府农业部门必须承诺遵循 IPPM 的原理，并有知识和能力通过其田间推广服务就 IPPM 提供咨询，独立的、非农药行业的咨询至关重要。
- 农场主和农业劳动者必须相信 IPPM 能够解决他们的虫害问题。这说起来容易做起来难，要求通过培训提高农场主和农业劳动者对农田生态的知识与理解。当您的庄稼受到虫害侵袭时，最难的事情就是什么都不做。
- IPPM 还受益于研究和高科技，例如，为研究当地害虫问题以及如何使 IPPM 系统适应当地作物和条件提供科学服务。

农业劳动者成为 IPPM 的“专家”

农业劳动者是 IPPM 的专家，即使目前还不是，也能够被培养为 IPPM 的专家。特别是通过与全球 IPM 机构的合作，农业工会已被该机制视为 IPPM 的利益相关方，既是该方法的使用者，又是该方法的推动者。IPPM 与劳动者和农场主都是相关的。

如果提供适当的信息、培训和技术支持，劳动者能够成为 IPPM 的职业者，或进一步发展他们已经使用过了的 IPPM 技术的技能和知识。劳动者及其工会能够通过与其用人单位、社区以及国家、区域和国际的集体谈判，成为其工作场所的 IPPM 工作者。

IUF 行动

IUF 正在与全球 IPM 机构合作：

- 为了集体谈判的目的，研究和收集关于甘蔗等作物的 IPPM 系统能够供工会使用的信息；
- 使用机构认可的培训者对农业劳动者进行 IPPM 技术培训。

2001 年和 2003 年，坦桑尼亚和乌干达的农业工会合作，为工会培训者举办了全球 IPM 机构—IUF 试点培训课程。工会培训者是 IUF 全球农药项目在这些国家的执行人。该机构正在采用一种通过农民田野学校（Farmer Field Schools ，FFS）对农民进行培训的 IPPM 培训方法。在这些地方学校里，农民和劳动者们学习作物生长，学习识别有害害虫和有益昆虫，估算庄稼的经济损失，并制定自己的农业生态计划，以一种统筹的方式管理庄稼，在理想情况下不使用农药。

资料卡 15：人工操作

背景

有害因素

人工操作包括用手或身体力量提举、放下、推、拉、搬运、移动或支撑重物。不仅是载荷承重重物的重量能够造成伤害，还有尺寸和形状、可用的握持点、搬运重物的方式、搬运的地点和频率以及搬运的距离等都会对人的健康产生影响。劳动者可能会因人工操作而遭受肌肉骨骼问题，如疼痛、损伤和扭伤，这些损伤也可能是由其他任务所致，涉及重复性移动、用力、非正常姿势、关节长期承受压力、组织不良的工作操作规程或工作环境。

对健康的效应能包括：

- 扭伤或损伤；
- 腰背痛；
- 坐骨神经痛；
- 疝气；
- 关节炎；
- 手腕、前臂、肘部和肩膀肿胀。

信息

健康和安全法

在国家法规中有各种各样的方法，请查阅您的工会教育者提供的有关本国适用法律的概要。

协议

您的工会可能已经与您的用人单位就人工操作达成了集体谈判协议，请检查是否有适用的协议。

ILO《农业中的安全与卫生公约》（第 184 号，2001 年）

请见本书中手册 6 用人单位的职责的第 6 条和第 7 条。

ILO《农业中的安全与卫生建议书》（第 192 号，2001 年）

第 4 段，（2.12）

此种制度应包括必要的危险评估，以及凡适宜时，特别应包括针对人工搬动或运输重物问题的预防和控制措施。

ILO《农业中的安全与卫生公约》（第 184 号，2001 年）

第 11 条

1. 在同有关用人单位和劳动者的代表性组织磋商之后，主管当局须制定关于对材料搬运和运输，特别是对人工搬运的安全与卫生要求。根据国家法律和惯例，此类要求须在考虑在其中从事工作的所有有关条件的情况下，以危险评估、技术标准和医生意见为依据。

2. 不得要求或允许劳动者手工搬运或运输因其重量或性质而可能危害劳动者的安全或健康的一个重物。

工会行动

集体谈判

您的工会能够通过集体谈判来克服国家健康和安全立法中的任何局限性，鼓励您的工会就人工操作制定协议。

促进用人单位的行动

用人单位应该：

避免人工操作

- 更好的工作计划能够消除多次移动货物的需要，例如，将袋装货物直接运送到拖车上，这样就不需要搬运了；
- 在货物附近执行任务，而不是将货物移动到任务处；
- 完全机械化的任务。

评估以下类型重物带来的风险

- 重量超过 25 千克或难以抓握或处理；
- 需要频繁地升降；
- 难以熟练操作，和 / 或涉及超过肩高扭转身体或举起，或从地板上扭转身体或举起。

减少受伤的风险

- 使用机械辅助，例如运袋车；
- 改变重物包装类型，例如，将 50 千克的包装改为 20 千克包装；
- 找到更好的搬运方式，例如，通过合理设计的牲畜通道和分群栏来减少动物处理的风险；
- 在无法避免人工操作的情况下，为劳动者提供相关培训。

工会行动检查表

√ 通过对可能受影响的劳动者进行调查，确定是否存在人工操作方面的问题。

√ 和您的成员一起决定优先事项。

√ 向您的用人单位索取一份本应已经进行的风险评估的副本。

√ 如果您的用人单位还没有进行过与人工操作有关的风险评估，要求他们落实。

√ 确保您的用人单位正在推行一项有计划的项目，以消除或减少人工操作的有害因素，并就此事与您和您的成员进行磋商。

√ 确保您的用人单位配备有胜任力的人员来处理人工操作问题。

√ 如果您认为您的成员的健康受到了损害，并且他们可能有权得到赔偿，请与您所属工会的官员进行磋商。

资料卡 16：噪声

背景

强度

声音强度提供了一种测量振动空气粒子传递到耳朵的能量的方法，声能量的数量变化很大，痛苦声音的强度大约是最安静的声音的 10 万亿倍，因为这个数值处理起来非常棘手，所以使用对数计量测量声音强度，其单位称为分贝（dB）。

当测量工作中的噪声时，通常强调对人耳影响最大的频率。这是通过调整噪声测试器，使其更注意这些频率来实现的。使用的量纲被称为“A 加权分贝量”或 dB（A）。大多数噪声测试器和调查报告将使用 dB（A）计量。

有害因素

噪声可能是最普遍的和被低估的工业有害因素。一百年来，人们都知道工作场所的噪声能够导致耳聋及相关症状，如耳鸣（耳内的嗡嗡声）。尽管如此，数以百万计的农业劳动者仍接触能够导致永久性噪声性听力丧失的噪声水平，例如，来自以下噪声源的噪声：

- 拖拉机；
- 家畜，尤其是在室内的猪；
- 谷物烘干机；
- 枪支；
- 机械；
- 车间工具；
- 压缩机和发电机。

职业性耳聋

接触超过 80 dB（A）的噪声有损害听力的风险。作为指南，如果和说话者相距两米远，但听不清正常对话，则噪声水平可能是 85dB（A）或更高。如果在大约一米远的地方，听不清别人说话，那么噪声分贝似在 90dB（A）左右或更高。

对于超过 80dB（A）且连续的噪声，传递给内耳毛细胞的声能量太大，以至于它们通过提高反应阈值、将敏感区域上移、不再对非常轻柔的声音做出反应来进行适应，这种现象被称为“暂时性听阈位移”，其程度取决于噪声的强度、持续时间，并在一定程度上取决于噪声的频率组成。在开始从事嘈杂的工作时，暂时性听力损失是最明显的。

暂时性听力损失的恢复通常需要几个小时，如果噪声接触严重，则最多需要几天。

在噪声大到足以导致暂时性听力丧失的环境中工作的劳动者，在这样的环境中接触大约 10 年后，能够罹患同样程度的永久性听力丧失。连续不断的巨大噪声伤害中耳小骨的鼓膜的情况罕见；但它会损害内耳里敏感的毛细胞，这种损伤是不可逆的，毛细胞不能被替代。

噪声不仅会损害听觉敏感度，还能够导致耳鸣，这种烦躁的“耳内嗡嗡响”，实际上是我们自己听力机制的回声。耳鸣通常会一直持续下去，在夜间尤其烦人，因为它能够妨碍睡眠。对于听力正常的人来说，回声会被淹没，但随着耳聋的发生，处于回声中会变得折磨人。

噪声的效应

即使是轻微的听力障碍也可能导致生活质量明显和不可逆转的下降，听力损失切断了受害者与他人的联系，社会交往越来越少的劳动者，家庭生活也变得困难。

高噪声水平也会产生压力，能够导致循环系统问题、消化问题、心理障碍以及诸如神经紧张或失眠等症状。

信息

健康和安全法

在国家法规中有各种各样的方法，请查阅您的工会教育者提供的有关本国适用法律的概要。

协议

您的工会可能已经与您的用人单位就噪声有害因素的预防达成了集体谈判协议，请检查是否有适用的协议。

ILO《农业中的安全与卫生公约》（第 184 号，2001 年）

请见本书手册 6 用人单位的职责的第 6 条和第 7 条。

ILO《农业中的安全与卫生建议书》（第 192 号，2001 年）

第 4 段，（2.6）

此种制度应包括必要的危险评估，以及凡适宜时，特别应包括针对噪声和振动问题的预防和控制措施。

工会行动

集体谈判

您的工会能够通过集体谈判来克服国家健康和安全立法中的任何局限性，鼓励您的工会制定关于保护工作中免受噪声伤害的协议。

促进用人单位的行动

保护免受噪声伤害的最好办法是对噪声源加以控制。为减少劳动者的噪声接触，用人单位应：

- 在选择生产方法时，选择安静的机械或工序；
- 封闭有噪声的机械或工序；
- 在排风系统上安装消声器；

- 通过改变喂食范式或把控制装置放在外面或保护区域内，减少在集中动物房中的喂食时间；
- 通过岗位轮换来减少接触时间；
- 在预防和控制措施不能充分减少劳动者接触的情况下，提供个人听力保护。

工会行动检查表

√ 通过您对可能受到影响的劳动者进行调查，确定是否存在噪声方面的问题。

√ 和您的成员一起决定优先事项。

√ 向您的用人单位索取一份本应已经进行的噪声风险评估的副本。

√ 如您的用人单位尚未进行噪声风险评估，要求其落实。

√ 确保您的用人单位正在执行有计划的噪声预防和减少项目，并与您和您的成员进行了磋商。

√ 与您的用人单位达成协议，每天工作 8 个小时，噪声控制标准为 85dB（A）；新工厂和机械的最大噪声标准为 80dB（A）。

√ 确保您的用人单位配备有胜任力的人员来处理噪声。

√ 需要听力保护时，与您的用人单位就听力保护达成如下协议：安排听力保护设备的选择和适合性检验，包括设备适用范围和与 HSE 劳动者代表及劳动者的磋商；安排此设备的监督、保养、清洁、储存及更换；为劳动者提供关于噪声有害因素的信息和培训；以及在可能的情况下标记听力保护设备的淘汰日期。

√ 如果您认为您成员的听力已经受到了损害，他们可能有权得到赔偿，请与您所属工会的官员进行磋商。

资料卡 17：个人防护用品（PPE）

背景

PPE——最后一道防线

在本书的许多其他章节中，已经描述了用人单位应如何识别和评估风险，以预防和/或减少风险。应该有一套预防和控制措施的优先等级——从预防此风险开始，如果不可能，则应该使用技术或工程控制、安全的工作体系和信息告知或培训，个人防护用品（PPE）应仅作为最后一道防线使用。

不幸的是，一些用人单位鼓励劳动者使用个人防护用品，却从未考虑过采取预防和控制措施来消除个人防护用品的使用，这就导致了一系列问题：

- 个人防护用品只能保护佩戴者，而从源头控制风险能够保护此工作场所的所有人；
- 在实践中，个人防护用品很少能达到理论上的最大防护标准，而且其实际防护标准难以评估；
- 由于 PPE 不合适预防此风险、不适合使用者、维护不当、可能使用不当，使得防护通常是无效的；
- PPE 可能通过限制移动度或能见度，或通过要求携带额外的重量来限制穿戴者，这不仅可能导致健康和安全问题，还会在因为其所导致的不舒适而丢弃 PPE 的时候产生“指责劳动者”的文化；
- 在炎热的气候下使用个人防护用品会让劳动者感到非常不舒服，例如，在炎热的季节，在充足的太阳照射下使用全脸面罩和防护服几乎是不可能的，这会导致脱水、头痛甚至不省人事。

PPE 的类型

不同类型的 PPE 包括：

- 头盔或头部防护用品；
- 耳塞或耳套等听力防护用品；
- 护目镜和面罩等护眼防护用品；
- 不同类型过滤器的呼吸面具；
- 不同材质的手套；
- 安全鞋；
- 防护围裙、连体防护服或防护服；
- 雨天防护服；
- 安全带和救生索。

有害因素

即使已经应用了技术或工程控制、安全工作体系和其他技术，仍然可能存在一些有害因素，这些有害因素可能导致对以下器官的伤害：

- 肺，例如，呼吸被污染的空气；
- 头和脚，例如，被坠落的材料伤害；
- 眼睛，例如，被飞溅的颗粒或腐蚀性液体喷溅；
- 耳朵和听力，例如，被噪声伤害；
- 皮肤，例如，被直接接触的腐蚀性物质伤害；
- 身体，例如，遭受极端的高温或寒冷。

有时，在这些情况下需要使用个人防护用品来降低风险，但这只是作为对已经实施的其他风险控制措施的补充。

信息

健康和安全法

在国家法规中有各种各样的方法，请查阅您的工会教育者提供的有关本国适用法律的概要。

协议

您的工会可能已经与您的用人单位就 PPE 的提供事宜达成了集体谈判协议，请检查是否有适用的协议。

ILO《农业中的安全与卫生公约》（第 184 号，2001 年）

用人单位职责请见本书中手册 6 的第 6、7 条。

ILO《农业中的安全与卫生建议书》（第 192 号，2001 年）

第 5 段

为落实公约第 7 条，企业一级的一套安全与卫生措施应包括：

（a）职业安全与卫生服务设施；

（b）依照以下优先顺序的危险评估和管理措施：

（i）消除危险；

（ii）控制危险源；

（iii）通过以下手段，如设计安全工作制度、采用技术与组织措施和安全做法，以及开展培训，最大限度地降低危险；

（iv）在危险依然存在的情况下，提供和使用个人防护用品和服装——此种用品和服装对劳动者免费。

第 7 段，（2）

特别是，在企业一级要采取的预防和保护措施应包括：（a）为使用化学品的人员和为维修及清洗个人防护用品与化学品施用设备的人员提供适当的个人防护用品与服装，以及洗涤设施，劳动者无须为这些付费。

工会行动

集体谈判

您的工会能够通过集体谈判来克服国家健康和安全立法中的任何局限性，鼓励您的工会制定关于 PPE 的协议。

PPE 检查表

√ 工作中的健康和安全风险得到了充分控制吗？不使用个人防护用品能够消除或减少风险吗？

√ PPE 是作为最后一道防线使用吗？

√ PPE 是免费提供的吗？

√ 在需要个人防护用品的地方，已经进行了评估，以确定所使用的 PPE 类型适合用于保护劳动者免受此有害因素伤害并适合所做的工作？

√ 真的就 PPE 的选择与 HSE 劳动者代表和劳动者进行了磋商吗？

√ 劳动者有机会尝试不同类型的 PPE 吗？

√ PPE 是适合的吗？

√ PPE 符合质量标准吗？

√ PPE 适用于所涉及的风险以及可能发生风险的工作场所的条件吗？

√ PPE 能在不增加总体风险水平的情况下预防或充分控制相关风险吗？

√ PPE 能够进行调整以正确地适合佩戴者吗？

√ PPE 适用于女性劳动者吗？

√ 已经考虑了穿戴 PPE 者的健康状况吗？

√ 已经考虑了工作的需要和对穿戴者的要求吗？例如，体力和交流的需要。

√ 如果穿戴一件以上的 PPE，它们兼容吗？

√ 有定期维护的系统吗？

√ 为 PPE 提供了适当的储存吗？

√ 为劳动者提供信息、指导和培训了吗？

√ 劳动者知道如何正确使用 PPE 吗？

√ 有足够的监督以确保 PPE 的正确使用吗？

√ 有报告 PPE 丢失或缺陷的程序吗？

√ 吸引 HSE 劳动者代表和劳动者参与了有关 PPE 使用的决策吗？

工会行动检查表

√ 通过您对可能受到影响的劳动者进行调查，确定您是否存在 PPE 方面的问题。

√ 根据 PPE 检查表进行专门的 HSE 检查。

√ 进行专门的检查，聚焦于检查用人单位对正在使用的 PPE 适用性的评估，并检查此评估是否具有性别敏感性。

√ 进行专门的检查，聚焦于检查所提供的信息以及对使用 PPE 的劳动者的健康和安全培训。

√ 调查用人单位健康和安全政策中规定的工作制度，并与您的成员讨论这些制度是否充分。

√ 和您的成员一起决定优先事项。

√ 检查用人单位的 PPE 培训政策和实践。

√ 确保用人单位配备有胜任力的人员处理 PPE。

√ 在工作场所引进新的 PPE 之前，确保用人单位事先与您进行了磋商。

√ 确保用人单位的安全政策和工作制度解决了 PPE 的使用。

资料卡 18：工作中的交通运输

背景

有害因素

在农业工作中，许多伤害是由拖拉机 / 车辆翻车、被移动的车辆撞击，以及在试图上下移动车辆时摔倒造成的。严重和死亡的伤害是常见的，事故涉及司机、其他劳动者和行人。其他有害因素包括：吊装作业；使用不适合的车辆来运输劳动者和其他人；在产品运输过程中被坠物击中；全身振动；工效学有害因素；与传动轴（Power take-off shaft，PTO shaft）直接接触并缠绕。农业工作环境中的运输特别使儿童处于风险之中。

信息

健康和安全法

在国家法规中有各种各样的方法，请查阅您的工会教育者提供的有关本国适用法律的概要。

协议

您的工会可能已经与您的用人单位就预防交通运输有害因素达成了集体谈判协议，请检查是否有适用的协议。

ILO《农业中的安全与卫生公约》（第 184 号，2001 年）

请见本书中手册 6 用人单位职责的第 6、7 条。

ILO《农业中的安全与卫生建议书》（第 192 号，2001 年）

第 4 段，（2）

此种制度应包括必要的危险评估，以及凡适宜时，特别应包括以下问题的预防和控制措施：

（K）机器和包括个人防护用品在内的设备的使用；

（L）人工搬动或运输重物。

ILO《农业中的安全与卫生公约》（第 184 号，2001 年）

第 10 条

国家法律和条例须规定，农业机器与设备：

（a）除非根据国家法律和惯例超出原设计目的之外的使用被评定为是安全的，否则，必须只能用于为其所设计的工作，并特别是不得用于人员运输，但为了载人而设计的或经如此改装过的农业机器与设备除外；

（b）必须根据国家法律和惯例，由受过培训和称职的人员操作。

工会行动

集体谈判

您的工会能够通过集体谈判来克服国家健康和安全立法中的任何局限性，鼓励您的工会制定关于工作场所的交通运输的协议。

促进用人单位的行动

用人单位应确保：

- 拖拉机等机械，特别是刹车、方向盘和轮胎，装备适当并得到了维护；
- 司机受过正规培训，未经授权者不容许开车；
- 车辆和行人尽量分开；

- 劳动者在爬上或爬下车时，可载人车辆要静止不动；
- 货物稳定安全；
- 保护司机不受坠落物体的伤害；
- 如果存在翻车的风险，应安装翻车保护结构；
- 每天检查车辆和设备，及时修复故障，并进行适当维护，特别要注意刹车系统；
- 乘客应坐在乘客座位上，否则不容许乘坐车辆；
- 所有起重设备都由有胜任力者定期彻底检查和测试；
- 起重设备上标明安全工作负荷；
- 过载指示器应正常运行。

传动轴的安全保护装置应：

- 按照认可的标准进行制造；
- 轴的尺寸和长度正确；
- 非旋转类型；
- 正确使用和维护；
- 未连接时也提供支持；
- 免受家畜等的损害。

工会行动检查表

√ 通过您对可能受到影响的劳动者进行调查，以确定是否存在工作场所交通运输方面的问题。

√ 利用上面的信息，对工作场所的交通运输进行 HSE 检查。

√ 做一个专门的检查，聚焦于用人单位对工作场所交通运输的风险评估。

√ 做一个专门的检查，聚焦于检查所提供的信息以及驾驶车辆的劳动者的健康和安全培训。

√ 调查用人单位健康和安全政策中规定的工作制度，并与您的成员讨论这些制度是否完备。

√ 和您的成员一起决定优先事项。

√ 确保用人单位有具备胜任力的维修人员处理工作场所的交通运输问题。

√ 确保在新的工作场所交通工具引入工作场所之前，已与您进行了磋商。

√ 确保用人单位的安全政策和工作制度解决了工作场所的交通运输问题。

资料卡 19：关于健康、安全和环境的自愿发起行动，包括行为准则

背景

行为准则等自愿发起行动是为激励企业改进在健康、安全、环境以及其他问题方面的绩效而设计，它们越来越被视为一种新的政策标准和管理工具，以帮助解决健康、安全和环境问题。不仅是行业，政府也在推动这些自愿发起行动。工会也对这些自愿发起行动越来越关注，并讨论它们在工会中的作用。

什么是自愿发起行动

它们能够被描述为“公司、协会或其他实体自愿作出的承诺，为市场上的商业活动的行为制定标准和原则”。关切方制定自己的指标，并经常自我监测和报告；但是，如果没有健全的政府监管和政策框架以及公众的参与，这些措施就不可能奏效。这些自愿发起行动的内容以国际标准为基础，例如，以三方劳工大会为基础的国际劳工标准。自愿发起行动取决于：

- 以市场经济为基础的方式，以鼓励不依赖监管而做出行为的改变；
- 为利益相关方提供获取健康、安全和环境信息的机会；
- 加强利益相关方的伙伴关系、对话与合作；
- 改变公众对化工行业的态度。

自愿发起行动的局限性

局限性包括：

- 它们没有针对违规行为的纪律措施；
- 只有当生产者对改变自身行为心悦诚服时，自愿发起行动才会成功；

- 它们缺乏透明度，可能无法保护第三方的权利；
- 自我监测和报告的可信度令人质疑。

为什么存在自愿发起行动或行为准则?

化学工业在促进行为准则方面一直处于领先地位，因为它需要提高公众对其在职业健康与安全以及污染控制和环境保护方面的绩效认知。由于世界许多地区的化学污染的增加，化学行业的公众形象很差，公信力很差。

此外，许多发展中国家在健康、安全和环境方面立法不佳、从不执法或不存在法律和管理机构，促使民间社会，特别是北半球，要求公司对其活动的社会和环境影响负责。因此，行业害怕增加的政府和民间社会的抱怨，使行业同时承受了经济和市场方面的损失。

信息

实施过程

准则的实施取决于包括劳动者（工会）、用人单位、化学工业和其他协会在内的利益相关方的平等参与。为了有效发挥作用，准则将在不同参与者的网络合作的基础上，要求供应链内的合作和灵活性。这些群体之间的实力的相对地位，也将在准则的实际操作中发挥重要作用。关切的利益相关者应是相关决策层面的全面伙伴关系，也就是公司、工会和非政府组织。

监测与验证

准则是对承诺的广泛声明，而不是操作文件。在该准则框架内，企业通过监测和验证来评估其对准则的承诺，这将涉及商业与社会、国际与当地的各种利益相关者，由技术人员通过数据收集、现场调研和访谈进行。这一过程还需要确保公正性、问责制和透明度，这些是公司或审计者无法单独提供的。没有利益相关者的参与，似乎就不太可能揭露出不良的工作条件。迄今，正在投入使用多种监测和独立验证方法，包括：

- 对相关公司进行内部监测；
- 由传统审计事务所进行的外部监测；
- 由学者进行的验证；
- 由工会和非政府组织进行的验证。

监测结果可以被公布，也可以不被公布。工会监测工作场所，为劳动者谋利益。监测或验证并不是工会的责任，但应该将定期与工会磋商作为监测和验证过程的一部分。

工会行动

行为准则往往是关于劳工实践的，因此，不能被工会所忽视。长期以来工会一直要求公司，特别是跨国公司（Transnational Corporations，TNCs）为其国际活动承担责任，因此，工会可以利用准则来：

- 为负责任的企业行为促进国际劳工标准和框架实施；
- 改进集体谈判；
- 改善健康、安全和环境条件；
- 帮助劳动者组建或加入工会；
- 支持组织活动；
- 公开承诺尊重公司的组织和集体谈判权利；
- 建立国际社会公正体系和工业关系体系。

工会面临的挑战是要确保准则促进结社自由和集体谈判的权利，但不是这些基本权利的替代性准则。准则的内容应始终包含尊重劳动者建立或参加工会和集体谈判的权利的规定。这些权利使劳动者能够保护其他包括健康、安全和环境在内的权益。

行为准则的一个范例

IUF 已经参与了国际花卉行业行为准则的制定，其内容以 ILO 标准、人权和环境标准为基础，包括：

- 结社自由及集体谈判权；

- 平等的待遇；
- 生活工资；
- 工作时数；
- 健康和安全；
- 农药和化学物质；
- 环境保护；
- 就业保障；
- 不雇佣童工；
- 不强迫劳动。

资料卡 20：辅助设施与住宿

背景

辅助设施和住宿对农业劳动者尤为重要。此外，许多农业劳动者住在他们工作的地方——在种植园和农场，因此，他们的工作环境并没有与他们的生活环境分开。同样，劳动者的家庭通常住在农场和种植园或其附近。农业劳动者的家属可能会在无意识的情况下接触与劳动者类似的风险，并可能因此患病。

在这些情况下，重要的是，工会应关心：

- 其成员及成员家属的生活条件；
- 工作环境及辅助设施对劳动者及其家庭之影响。

工会应该确保用人单位将 HSE 议题从工作范围扩展到这些类型的劳动者及其家庭 / 社区的生活场所。

信息

健康和安全法

在国家法规中有各种各样的方法，请查阅您的工会教育者提供的有关本国适用法律的概要。

协议

您的工会可能已经与您的用人单位就辅助设施和住宿事宜达成了集体谈判协议，请检查是否有适用的协议。

ILO《农业中的安全与卫生公约》（第 184 号，2001 年）

第 19 条

国家法律和条例或是主管当局在同有关用人单位和劳动者的代表性组织磋商之后，须规定：

（a）免费向劳动者提供适当的福利设施；

（b）因工作性质需要临时或长期在企业中居住劳动者的最低限度膳宿标准。

ILO《农业中的安全与卫生建议书》（第 192 号，2001 年）

第 10 段

为落实公约第 19 条，视情况和根据国家法律和惯例，用人单位应向农业劳动者提供：

（a）充分供应的安全饮用水；

（b）存放和洗涤防护服的设施；

（c）用餐设施，并在切实可行时在工作场所内提供哺乳设施；

（d）男女劳动者分开的或是分开使用的卫生与盥洗设备；

（e）与工作有关的交通工具。

工会行动

集体谈判

您的工会可以通过集体谈判来克服国家健康和安全立法中的任何局限性，鼓励您的工会制定关于辅助设施与住宿的协议。

检查住房和居住环境

在检查工作、住房和生活环境时，应考虑：

- 电力的安全供应和维护；
- 安全的饮用水；

- 采光；
- 合理的通风；
- 足够的空间，预防过度拥挤；
- 排除火中烟雾的烟囱；
- 用餐设施；
- 排水系统；
- 安全的地板；
- 垃圾处置；
- 被覆盖的坑；
- 盥洗设施；
- 控制杂草；
- 安全和健康的卫生设施；
- 有害化学容器的重复性使用；
- 厨房和床下的农药；
- 与工作相关的交通运输。

工会行动检查表

以下是需要检查的一些关键要点：

√ CBA 对劳动者 / 家庭的住宿有什么规定？

√ CBA 对辅助设施有什么规定？

√ 关于保护社区免受工作环境中的风险，CBA 有什么规定？

√ CBA 还需要改进吗？

√ 用人单位的 HSE 政策对住宿有什么规定？

√ 关于保护社区免受工作有害因素，用人单位的 HSE 政策有什么规定？

√ 如果政策或 CBA 在这些议题上没有相关规定，实际是如何操作的？

√ 由谁负责确保劳动者的生活条件安全？

√ 工会参与影响农场或种植园住房和生活环境的决策吗？

√ 有哪些可用设施？

- 娱乐 / 休闲设施？
- 厕所？
- 安全的饮用水？
- 学校？
- 交通？
- 医院 / 诊所 / 急救？

√ 用人单位支付医疗和学校设施费用吗？

√ 农场劳动者的家人生活在农场 / 种植园中吗？能保护他们免受风险吗？

√ 由于劳动者接触了类似的有害因素，其家人遭受了与劳动者类似的健康损害吗？ 例如，吸入农药等有害物质，或饮用被农药污染的水。

√ 您的用人单位遵守当地的公共卫生法规吗？

手册 5　农药与健康、安全和环境

导读

工作中使用农药是很危险的。所选择的杀死害虫的化学物质是精心挑选的，因为它们的毒性能够有效地毒害不想要的植物、昆虫、啮齿动物等。这些特性使它们对人类具有潜在的危害，因为我们与其他自然生物有许多相同的化学通路。所有化学物质都是有毒的，能够造成伤害或死亡，没有安全的物质。与大多数其他化学物质一样，农药能够直接或间接进入人体，有可能同时对人体健康造成急性和慢性损害。它们能够损害劳动者和公众的健康，以及野生生物和总体环境。

尽管用人单位、农药销售商和顾问，甚至政府顾问可能会告诉您相反的情况，但在实践中，使用或接触农药总会伴随一定程度的风险。

现实情况是，作为其每天工作中的一部分，许多农业劳动者仍被强迫使用或接触农药，农药在使用或近距离接触时会表现出最大的危险。因此，在本章节中，我们将探讨农药使用前、使用中和使用后可能发生的职业危害，以及应采取哪些切实的防范措施。总之，要切记，寻找农药的替代品以预防农药带来的各种风险。

目标

手册 5 包含的课程材料将帮助参与者：

- 识别由农药导致的健康、安全和环境（HSE）问题；
- 吸引成员加入，并提高其对农药的意识；

- 开发工会处理农药问题的方法；
- 利用信息和法律，查找其中有关农药的信息，并知道如何有效地使用它；
- 改善健康和安全：通过提出识别农药的职业危害、预防农药风险和建议替代方案的计划；
- 培养处理农药职业危害和风险所需的技能，包括关于 HSE 的集体谈判协议和使用法律武器。

关于本章节

本章节将帮助我们：

- 查明我们的成员对农药的看法；
- 识别在工作场所使用的农药；
- 确保我们对农药做的工作与工作场所的需求相匹配。

获取成员的观点

我们必须有效地代表我们成员的观点。没有他们的支持，我们就会变得孤立无援，无法应对农药带来的职业危害。为了赢得他们的支持，HSE 劳动者代表必须告知其成员并吸引其参与其中，我们可以通过如下方法获取成员的观点：

- 倾听他们对农药职业危害的看法；
- 让他们相信危险存在于农药所致风险不明显的地方；
- 提高他们对农药和替代品的意识；
- 确定用人单位预防或控制农药职业危害和风险的义务；
- 与他们共同努力，确保用人单位实施高标准。

活动：成员调查

目的

帮助我们：

- 与成员交流；
- 获取成员的观点，以及其他关于农药的信息；
- 确保本课程与工作场所是相关的。

任务

1. 在参加本课程之前，请与您的代表各方成员进行简短的讨论，记下他们对以下问题的回答，并将您的笔记带到本课程中。

- 他们工作中使用哪些农药，或者接触哪些农药？
- 他们对农药的使用方式有任何关切吗？
- 他们认为农药会导致其健康损害吗？如果是，有哪些症状？
- 他们认为使用农药是必要的吗？
- 关于农药他们已经受过什么培训、接收过哪些信息？

2. 尝试获取您认为将对本课程有帮助的信息，例如：

- 您的工作场所正在使用的农药的标签和数据清单；
- 任何有关使用农药的集体谈判协议；
- 由用人单位已经制定的与农药有关的文件，例如风险评估、安全工作体系、预防或控制策略等；
- 劳动者 / 工会—管理层联合安全委员会会议记录，其中已经讨论了农药的使用；
- 因接触农药导致的健康损害记录；
- 其他有用的信息。

我们将在本课程的第一节课上讨论您的发现。

工作场所和环境中的农药职业危害和风险

关于本章节

本章节将帮助我们：

- 分享我们和成员们关于农药职业危害和风险的观点；
- 开发工会处理农药问题的方法；
- 考虑农药对于我们健康和环境的影响。

活动：您和您的成员怎么想

目的

帮助我们：

- 讨论成员对于农药的看法；
- 分享我们自己对于农药的看法。

任务

在您的小组中：

1. 讨论在成员调查中，成员关于农药都说了什么，以及与您自己的观点有何异同；
2. 准备一个信息列表，展示您从该工作场所获取的信息。

选出一名发言人汇报此次的讨论结果。

农药是什么

"农药是指为预防、消灭或控制任何害虫（包括人类或动物疾病的媒介；在食品、农产品、木材和木制品或动物饲料的生产、加工、储存、运输或销售过程中造成伤害或干扰的植物或动物物种）的任何物质或物质混合物，或可施与动物，用于控制体内或体表的昆虫、蜘蛛或其他害虫的物质。本术语包括用作植物生长调节剂、脱叶剂、干燥剂、疏果剂或预防果实过早脱落的物质，以及在收获前或收获后应用于作物以防止商品在储存和运输过程中变质的物质。"

来源：粮食及农业组织国际农药供销和使用行为守则，2003 年修订版

“害虫”这一术语在广义上包括动物、植物、鱼类、昆虫和昆虫类的害虫、真菌和微生物。许多传单和书籍在谈到杀菌剂、除草剂、杀虫剂和其他类别的农药时，好像它们是不同类别的化学物质，但实际上它们都属于农药。农药通常有其他名称，例如农用化学品、作物保护产品或植物保护产品。

今天使用的绝大多数农药都是专门开发的合成或制造的化学品，这些化学品的毒性和特性是专门用来杀死不想要的生命体。少数被称为生物农药的，是以天然微生物（细菌、真菌、病毒和支原体）和植物的化学提取物为基础，如除虫菊和鱼藤酮，这些能够被用作化学农药的替代品。

基于转基因天然微生物（genetically modifying natural micro-organisms，GMOs）的农药与转基因作物和动物一起迅速发展。转基因农药的需求及其对人类和环境的安全性一直饱受争议。在这本 ILO-IUF 手册中，转基因农药并未被作为比化学农药更安全的替代品对待。

农药的分类

世界卫生组织推荐的根据危害的农药分类，得到世界各国政府的广泛认可和使用，它将农药作如下分类：

AC　杀螨剂（控制螨虫）；

AP　杀蚜剂；

B　抑菌剂（土壤）；

FM　熏蒸消毒剂；

F　杀菌剂，不用于种子处理；

FST　杀菌剂，用于种子处理；

H　除草剂；

I　杀虫剂；

IGR　昆虫生长调节剂；

Ix　杀蜱剂（控制蜱虫）；

L　杀幼虫剂；

M　　杀软体动物剂（控制蛞蝓）；

MT　　杀螨剂；

N　　杀线虫剂（控制线虫）；

O　　用于其他植物病原体；

PGR　　植物生长调节剂；

R　　灭鼠剂；

RP( )　　驱虫剂（标明物种）；

–S　　应用于土壤，不与除草剂 / 植物生长调节剂一起使用；

SY　　增效剂。

农药的致死性

农药（Pesticide，后缀“–icide”的意思是杀手）是用来杀死或控制“害虫”的毒药。除了其固有的毒性外，许多农药还有其他非理想的特性。由于绝大多数农药是制造的、合成的化合物（并非天然存在的），通常没有天然有机体已经进化到可以将这些毒物分解成危害较小的物质。

因此，许多农药在人体、土壤和水中也具有持久性，并在食物链和环境中具有生物蓄积性。它们是少数在农业工作场所和总体环境中故意喷洒的化学品之一。这些农药跨越国界，通过航空和海上运输，并在环境中蓄积，特别是在较冷的气候中，因为它们在较低温度下分解得更慢。它们的持久性和在身体脂肪中蓄积的能力也意味着农药在大多数人类和各种野生动物中都有迹可循，甚至在地球的被隔离地区也是如此（与它们原来的使用点相距甚远），例如，在北极地区因纽特妇女的母乳中发现的持久性有机氯农药水平（例如DDT）含量超过了世界卫生组织的安全限值。

没有所谓“安全使用”农药，只有健全的管理。

农药信息

劳动者往往难以查明他们使用或接触的农药以及所需的预防和控制措施。农药产品的范围能够令人眼花缭乱，而且同一种化学品通常用各种非常令人困惑的术语来指代。

在本手册的后面部分，有专门设计的材料，帮助您和您的成员查明和理解追踪农药所需的信息，以预防或将其所致风险降至最低，我们将探究：

- 对农药进行更详细分类的主要方法；
- 罐子或包装里的是什么；
- 剂型、标签、产品安全数据清单、风险评估和其他对劳动者查明某一种农药至关重要的信息来源。

农药被用于何处？

农业

商业农业/园艺是农药使用的主要领域。农业生产越密集，农药的使用就越多。控制农作物的疾病、昆虫和杂草是首要目标，但农药在牲畜、家禽和养鱼场生产以及作物和纤维储存中也发挥着重要作用。

在园艺中，高价值产品，加上对质量的需求，往往意味着密集、项目化使用农药，而且农药抗药性问题在温室和塑料大棚中发展最快并非偶然。持续地、系统地使用农药会导致水果、沙拉和蔬菜中的农药残留问题。然而农药也越来越多地被用于更小规模，甚至是自给自足型农业。

农药在畜禽养殖中发挥着核心作用，以帮助：

- 控制畜舍/区域内及周围的苍蝇、虱子、老鼠等；
- 控制家畜（包括鱼/虾）的外部寄生性害虫（皮外寄生虫）。用于此目的的农药适用于外用动物皮肤（包括鱼类），通常在法律上被重新归类为“动物/兽医药物”。

大面积的森林土地可能常规地经过农药处理，通常来自空气。通常是在空气中常规喷洒杀虫剂，以控制毛毛虫害。

防止作物在储存和船运或运输期间的损失是农业中使用农药的另一个重要领域。杀虫剂、灭鼠剂和杀虫熏蒸剂被广泛用于控制大包装作物、商品储存仓库、筒仓以及船舶和飞机货舱和集装箱卡车中的真菌和害虫。

公共卫生项目

农药经常用于控制人类疾病的公共卫生项目中，特别是在农村地区。一众系列的“动物”

（animals）（此术语在此情形下也涵盖昆虫和昆虫类害虫）在人传人和动物传人疾病中扮演携带者（媒介）的角色。

通过媒介人传人疾病的常见例子包括疟疾（蚊子）、锥虫病或昏睡病（采采蝇）、河盲症和血吸虫病。

能够从动物传染给人类的疾病是指“人畜共患病”（zoonosis）。从昆虫 / 啮齿动物等动物传播给人类疾病的例子包括钩端螺旋体病（或威尔氏病）、沙门氏菌病、鼠疫、斑疹伤寒和出血热。

病媒控制通常涉及在农业工作场所（包括住房 / 生活区和食品商店）内部和周围实施大规模的强制性农药项目。DDT 是一种有毒、持久性的农药，目前仍被广泛使用，例如，用于控制携带疟疾的蚊子。人们也会使用农药来处理蚊帐。

其他用途

农药也用于防腐目的，例如木材防腐剂（如抗白蚁）。生活福利设施和工业杂草控制是农药使用的另一个主要领域。根据国家的具体情况，一些农药也被一些国家批准，在湖泊、河流和运河岸边用于控制水中有害鱼类、水生杂草。

对农药的关切

健康损害的规模

农药对人类急性健康损害的确切规模在很大程度上仍然未知。由于世界各地长期上报不足，死亡、中毒和无伤亡事故的确切数字尚不清楚。死亡事故和疾病报告体系以及报告它们的激励措施通常不适用于所有行业部门。接触农药是一种主要的职业性有害因素，能够导致中毒和死亡，在某些情况下，还会导致与工作相关的癌症和生殖问题。世界卫生组织估计，每年至少有 40000 人死于农药，另外还有 300 万 ~ 400 万人严重中毒，尤其是在仍广泛使用毒性更大且易于获得的农药的发展中国家。

发展中国家的农药使用

发展中国家使用了全球 20% 的农药，却发生了全球 80% 的死亡和中毒事件。在这些国家，以及一些经济转型国家（中东欧的苏联和中亚国家），许多高毒农药被用于农场和种植园作物，以及新型出口作物，如鲜切花和新鲜蔬菜。一些工业化国家通常会继续向世界较贫穷的地区出口在其本国已被禁止或严格限制的农药。例如，据估计，印度农业中使用的农药总量的 70% 由北欧国家禁止或严格限制的农药剂型组成。

发展中国家和许多经济转型国家往往缺乏农药健全管理的法律和执法基础设施与资源。除非从世界贸易中消除许多高毒物质和剂型，使用危害性较小的替代农药和 / 或采用其他防治害虫的方法，否则就不可能减少农药中毒和污染。

发展中国家面临的农药控制问题

1. 缺乏处置废弃农药的设施（占所有做出答复的发展中国家的 66%）；
2. 食品中农药残留导致出口困难（65%）；
3. 可通过分发渠道购买的农药，这些渠道还处理食品、药品和其他供内部消费的产品（65%）；
4. 没有适合最终使用的合适农药包装尺寸范围（以减少处理和其他有害因素）（62%）；
5. 农药标签有时或通常不清楚、不简明扼要（44%）；
6. 没有限制农药供应的强制法规（43%）；
7. 缺乏国家农药登记和控制计划（20%）；
8. 政府和主管部门未能有效强制执行禁止在其领土内进口、销售和购买剧毒产品的禁令（19%）。

来源：联合国粮农组织，1996，政府对《国际农药供销和使用行为守则》执行情况第二轮问卷的答复分析

农业劳动者及其家人的高风险

农业劳动者和小农使用或接触各种来源的有毒农药，包括他们种植、收获和储存的作物、耕种的土壤、来自喷雾剂的飘散以及其处理的牲畜、家禽和鱼类。施药者的接触量最高，但其他劳动者和农民因在处理过的区域工作或经过以及处理喷过农药的植被和农产品，也会受到喷雾剂的污染。

由于缺乏关于有害因素的信息和工作场所风险预防与控制措施，个人防护用品往往是保护劳动者和农民的第一道防线。实际上，这应该只是补充其他已经到位的控制措施的最后一道防线。此外，个人防护用品通常不适合在热带地区使用、经常维护不良或更换不频繁，而且经常与个人服装储存在同一区域。这些因素再加上恶劣的卫生条件，如现场缺乏处理

皮肤和眼睛污染的水，都会导致高水平的死亡和中毒。

由于其从事的农业工作内涵，女性劳动者尤其容易受到农药的健康损害。她们通常是兼职或季节性劳动者，并没有得到与全职劳动者相同水平的信息、培训和保护。她们在农药处理过的区域工作，包括商业温室，或处理经农药处理过的植物或收获的作物。许多人和他们的家人住在工作之地，将被农药污染的水用于饮用、洗澡和洗衣物，吃被农药污染的农场食物。此外，许多小农户是女性。艾滋病病毒在世界许多地区的影响意味着，妇女户主家庭——有时甚至是儿童户主家庭——越来越成为常态。

儿童是一个遭受接触农药所致健康损害的脆弱人群，因为他们作为家庭的一部分生活在农场或种植园，抑或因为其作为廉价和受剥削的农业童工工作。

由于贸易全球化的不利方面往往造成的劳工标准和工作条件的恶化，正在侵蚀农业劳动者在工资水平、就业保障以及健康和安全标准方面已经很低的保护水平。世界范围内工作灵活性的趋势以及降低劳动力和生产成本的压力，导致按日合同和季节性合同的增加。通过农业承包商或“工头”雇佣劳动力的情况越来越多，这往往导致就业更加无保障、工资更低、工作条件更差以及健康和安全水平下降。

农药、野生生物及其环境

农药还会伤害野生生物，污染其环境（土壤、空气和水质）。受农药影响的野生生物包括植物和树木；脊椎动物（有骨骼），如鱼、爬行动物、鸟类和哺乳动物；以及无脊椎物种，从昆虫及其近亲（节肢动物）、土壤和水生生物，到微生物如真菌、细菌和病毒。

农药对野生生物的效应与所从事的农业类型密切相关。农业的推广和集约化，包括农药和人工化肥使用的增加，对此环境中野生生物物种的数量和多样性以及质量已经产生了重大的负面影响。

非法使用农药作为毒饵直接导致许多鱼类、野生鸟类、哺乳动物、农场牲畜、宠物和蜜蜂的死亡，毒物存在于尸体和蛋中，农药也被广泛用作鱼饵。

农药是必需的吗？

农药行业

在一些政府和政府间机构的支持下，农药行业争辩道，使用“作物保护化学品”（杀虫剂的行业名称）有助于预防在生长、收获、运输、分销和储存期间的损失，对于确保粮食和大宗商品产量最大化至关重要。食品和商品的质量以一定的经济价格得到维持和提高。

实现世界粮食保障和消除贫困和营养不良的需要是一个重大的国际议题。在 1996 年世界粮食峰会上，各国政府和其他利益相关方达成了《罗马宣言》和行动计划，其目标是到 2015 年将世界饥饿人口数量减少 50%。为了实现这一目标，联合国粮农组织（FAO）争辩道，需要大幅增加世界粮食产量，就涉及使用化学农药和人工化肥，以养活世界不断增长的人口。

IUF

包括 IUF 和非政府组织在内的许多工会不同意农药行业的分析。IUF 主张，目前全球生产的粮食足以养活全世界，但贫困和营养不良的存在是因为许多穷人（估计全球有 8 亿人）没有钱购买粮食，和 / 或没有土地来生产粮食。在北美和欧盟（European Union，EU）国家，谷物和其他食品的生产也严重过剩。这导致粮食囤积成山，而后通过出口补贴，导致在其他国家人为地以低价格倾销，破坏当地的农业市场和经济。

IUF 坚信，只有经过判断，在没有其他控制害虫的替代方法，而且使用这些有害化学品的收益大于成本的情况下，才应该使用农药。

防范原则和替代原则

在科学质疑和不确定的情况下，采用防范原则很重要。这一原则被载入《环境与发展里约宣言》（1992 年联合国环境与发展大会通过）的原则 15，其中规定："为了保护环境，各国应根据自身能力广泛采用防范措施。如果存在严重或不可逆转地损害的威胁，则不应以缺乏充分的科学确定性为理由推迟采取具有成本 – 效益的措施预防环境退化。"

替代原则，用有害性更小的等效物代替有害产品，以支持农药产品注册方面的变化。使用替代原则可以减少市场上活性成分和农药剂型产品的数量。

活动：您工作场所的农药使用

目的

帮助我们：

- 识别您工作场所中使用的农药；
- 确定使用目的以及如何分类；
- 查明农药生产商。

任务

在您的小组中：

- 讨论并列出您工作场所中使用的农药及其生产商；
- 确定农药在何处使用，是做什么用。

选出一名发言人汇报此次的讨论结果。

谁在生产和销售农药

农药是一个大行业，该行业由美国、欧洲和日本的 10 家跨国制造公司主导，它们控制着全世界 84% 的农药销售，2000 年，全球农药销售额接近 300 亿美元。

十大制造商

下文显示了公司名称、2000 年农药销售额和全球市场份额百分比。

其他国家，例如印度、中国、巴西和俄罗斯，都是重要的农药生产国，它们的国有公司一般生产非专利农药，包括用于出口市场的农药。它们生产的农药，通常包括在世界其他地区被禁止或严格限制使用的农药。

先正达（诺华 + 阿斯利康）：估计 610 亿美元；20%；

法玛西亚（孟山都）：410 亿美元；14%；

安万特（格雷沃 + 罗纳 – 普朗克）：340 亿美元；11%；

巴斯夫（+ 美国氰胺）：估计 340 亿美元；11%；

杜邦：250 亿美元；8%；

拜尔：210 亿美元；7%；

陶氏益农：210 亿美元；7%；

马克西姆－阿甘：67.5 亿美元；2%；

住友商事：62.5 亿美元；2%；

FMC：57.5 亿美元；2%。

来源：ETC 集团，根据 Agrow 杂志引用的 Allan Woodburn 协会提供的数据。

活动：农药小测验

目的

帮助我们：

- 使用一些与农药有关的术语；
- 增加乐趣。

任务

将人员分成几对。在您的配对中，查看多项选择题和与农药相关的陈述 / 词汇 / 术语，使用前面的内容来帮助您解决任何您不熟悉的问题，勾选您认为最合适的选项。

测验完成后，整个小组将一起讨论他们的答案，您能够把您的分数加起来，增加一些乐趣！

多项选择小测验：农药
每个问题在方框里打钩 1. 如今使用的绝大多数农药是： □ 生物农药 □ 基于转基因天然微生物（genetically modifying natural micro-organisms，GMOs）的农药 □ 合成、制造的化学物质 2. 农药的英文“pesticide”的后缀“-icide”的意思是： □ 作物保护 □ 杀手 □ 如果使用得当是无害的

续表

3. 世界卫生组织估计，至少每年有：

□ 40000 人死于农药，另有 300 万～400 万人严重中毒

□ 2000 人死于农药，另有 100 万人严重中毒

□ 20000 人死于农药，另有 200 万人严重中毒

4. 发展中国家使用了：

□ 20% 的农药和 30% 的农药致死和中毒

□ 20% 的农药和 80% 的农药致死和中毒

□ 70% 的农药和 70% 的农药致死和中毒

5. 发展中国家农药致死和中毒人数如此之高的主要原因之一是：

□ 一些工业化国家经常继续生产被禁止或受到严格限制的农药，只供出口到世界上更贫穷的地区

□ 由于气候条件

□ 由于大量使用农药

6. IUF 坚信，只有经过判断，在以下情况下才应该使用农药：

□ 没有其他可及的害虫控制替代方法，而且使用农药的效益超过了使用这些有害化学品的成本

□ 世界贸易组织规定，这对化学品制造商很重要

□ 贫困和营养不良

7. 媒介是：

□ 一种新型农药

□ 一组生产农药的化学公司

□ 传播疾病的载体

8. 能够从动物传染给人类的疾病统称为：

□ 节肢动物

□ 人畜共患病

□ 呼吸疾病

9. 十大跨国公司控制了：

□ 全球农药销量的 51%

□ 全球农药销量的 84%

□ 全球农药销量的 95%

农药信息

对于 HSE 劳动者代表来说，最困难的任务之一是查明在工作场所对他们的成员造成伤害的农药，以及如何预防对健康和环境的风险并将其降至最低。

主要的信息来源是制造商的农药标签、制造商的产品安全数据清单、用人单位工作场所风险评估，以及科学文献或数据库。

活动：阅读标签

目的

帮助我们：

- 解释标签；
- 判断标签是否提供了足够的信息；
- 确定从哪里找到更多的信息。

任务

可以：使用您从工作场所带来的农药标签。

或者：在收到您的成员对农药的投诉后，您已经设法找到了此标签。此标签提供的信息如下：

产品名称：Ambush；

危害警告：吸入危害；避免吸入；保持容器密闭；在充分通风和具备个人防护用品的情况下使用；

急救措施：确保充足的新鲜空气并拨打医疗电话；

更多信息：有关制造商的详细信息，请联系您的供应商。

在您的小组中，查看以下信息并做到：

- 确定标签上应进一步提供哪些信息；
- 列出其他有帮助的信息来源。

选出一名发言人汇报活动结果。

容器或包装里面和上面有什么

大多数农药制剂是化学物的混合，其中许多本身就有毒性，剂型类型对于确定产品的毒性也很重要。

剂型

大多数农药都是即用型的配方产品。剂型的多样性取决于多种因素，例如，目标物种的性质、理想的持久性、易于施用，甚至降低产品毒性。剂型包括：

- 干粉：颗粒干饵，例如，除蛞蝓药，啮齿动物杀剂；
- 可湿性粉剂：用水稀释后用于喷雾器；
- 乳液：准备被稀释的液体；
- 乳油（emulsifiable concentrate，ec）；
- 悬浮浓缩物（suspension concentrate，sc）；
- 超低容量（ultra low volume，ULV）：使用专门设备以小液滴浓缩形式喷雾的剂型；
- 烟雾：在密闭空间内燃烧的农药（缓释条和纸：用于畜舍、食品店和控制苍蝇）；
- 气溶胶。

配制农药的组成

活性成分

活性成分（active ingredient，ai）是产品中最重要的部分，因为正是这些有毒化学物质杀死 / 控制目标害虫，配料中的所有其他化学物质都是为了辅助它发挥作用，识别活性成分对于追踪和发现农药非常重要。

农药活性成分有一个众所周知的化学名称，学会识别标签上的化学名称很重要。请勿将化学名称与标签上的产品品牌或商品名称混淆，品牌 / 商品名称可能很难被追踪，因为它们成百上千，更复杂的是，这些公司经常更改产品名称以便更好地销售。

农药标签不是标准化的，因此需要一些实践才能识别活性成分的化学名称，并将其与标签上可能给出的配料中其他化学物质区分开来。

也可以通过化学编号以及化学名称来识别活性成分。识别化学编号可以更容易地获得有关活性成分的更多信息，包括预防和控制措施。标签上可能会呈现不同类型的化学编号，请注意 CAS 号、UN 登记号、EU 号或 EPA 号。如果您不确定是哪个类型，请注意标签上的不同数字。

溶剂

- 一种用于溶解活性成分以使其变成液体的化学物质；
- 本身有毒性，有自己的危害分类，例如，甲苯和二甲苯。

表面活性剂

- 也称为润湿剂、扩散剂和黏着剂；
- 降低表面张力，增加液体产品制剂的乳化、扩散和润湿性能，使农药能够黏附在害虫上或更均匀地扩散在植物叶子表面上。

安全剂

- 一种可降低农药损害作物可能性的化学品。

佐剂

- 添加到农药中以提高其效力的化学物质；
- 仅在农药活性成分存在下才具有活性，例如，胡椒基丁醚，将其添加到合成拟除虫菊酯杀虫剂中以提高其活性。

载体

- 一种惰性固体，用于稀释农药活性成分以方便施用；

着色剂和臭味剂

- 使农药剂型产品具有令人不快的气味和/或味道，以减少因吞咽该化学品而发生死亡事故的风险；
- 着色剂也用于拌种，以区分处理过和未处理过的种子；
- 颗粒有时会被着色，使其在土壤上可见，从而容许检查施用率和正确铺撒的情况。

例 1

农药活性成分：丁硫克百威（使用化学名称）

CAS 编号：55285-14-8

品牌/商品名称：Marshall 10G

剂型：颗粒，即用型

分类：杀虫剂

例 2

农药活性成分：草甘膦（使用化学名称）

CAS 编号：38641-94-0

品牌 / 商品名称：Roundup

剂型：液体

分类：除草剂

农药标签上应该有什么

标签信息通常直接贴在其容器上，但补充标签信息也可以附在密封的塑料覆膜中。制造商、配方者、进口商或出口商有责任按照国家法律的要求为农药产品贴上标签。该标签应使用适当的当地语言。化学品标签信息的质量非常参差不齐，特别是在预防和控制措施方面，通常，该标签包括以下几类信息：

- 产品信息：商品 / 品牌名称、制造商 / 供应商名称和地址、紧急电话号码、剂型；
- 有害成分：配料中的活性成分加上其他化学物质，均以化学名称识别；
- 毒理学特性：健康和环境效应，包括有害警示标识；
- 使用者信息；
- 作物 / 害虫信息；
- 防范 / 预防措施 / 操作者保护；
- 急救措施。

在大多数国家 / 地区，根据法律，每个农药包装或容器都必须有标签，其中包含以下列出的部分或全部信息。

检查表：农药标签上要求的信息

√ 产品信息：
- 每种活性成分的名称和浓度（使用化学名称）；
- 产品的商业名称：品牌或商品名；
- 剂型；
- 该物质的制造商或进口商 / 批发商或其他供应商的名称和地址；
- 应急电话号码；
- 有害成分：

√ 每种活性成分的名称和浓度（使用化学名称）；

√ 其他成分的名称和浓度，例如，可能有害或有毒的溶剂；

√ 毒理学特性：
- 风险 / 安全短语：例如，“立即清洗皮肤和眼睛上的浓缩液”，或“戴橡胶手套”“对鱼有害”等；
- 有害警示标识：标签上可能有多个符号；并非所有农药都带有有害警示标识；
- 关于健康效应和 / 或环境影响的信息。

√ 使用者信息包括：
- 使用指南；
- 剂量率和混合说明；
- 施用率；
- 被批准的混合罐。

√ 防范 / 预防和控制措施，操作者保护，包括：
- 技术 / 工程控制；
- 其他安全信息：包括再进入期间；
- 医学建议 / 警告；
- 容器的清洗和废弃容器的处置；
- 个人防护用品；
- 急救信息，包括在哪里获得医疗帮助。

√ 环境保护 / 作物 / 害虫信息，包括：
- 此农药能够被用于的作物范围或牲畜类型；
- 控制害虫的范围；
- 耐受或抵抗性物种；
- 可能损害作物的警告；
- 收获的时间间隔。

材料安全数据清单（MSDS）

材料安全标签仅向您提供基本的健康和安全信息，它们不是标准化的，并且可能缺少关键的 HSE 信息。我们能够从制造商直接提供的（产品）材料安全数据清单（MSDS）或通过化学品的当地供应商或进口商获得有关农药制剂产品的更全面信息。

MSDS 是一份包含接触化学品的潜在健康和环境效应以及如何以最安全的方式使用该化学产品的信息的文件。MSDS 包含比标签更多的信息，由农药制造商/供应商准备和提供。

MSDS 中包含的信息类型有：

1. 产品信息：商品/品牌名称，制造商/供应商名称和地址，以及应急电话号码；
2. 按化学名称的有害成分、活性成分等；
3. 物理数据；
4. 易燃易爆数据；
5. 反应性数据：有关此产品的化学不稳定性和可能与之反应的物质的信息；
6. 毒理学特性：健康和环境效应；
7. 预防或控制措施；
8. 急救措施；
9. 准备信息：该 MSDS 的准备人员和准备日期。

MSDS 不会随剂型产品自动提供。您将不得不主动索要，通常是通过您的用人单位，而用人单位又会从此产品的制造商、进口商或供应商处免费获得。向您的用人单位索要 MSDS 副本很重要，以确立您有权接收这些文件的原则。在一些国家，法律保障劳动者有权获得，有时甚至直接从公司获得制造商的 MSDS。

例如，世界卫生组织等组织也制作“农药安全数据清单”，但重要的是要将它们与制造商提供特定配方产品信息的 MSDS 区分开来。WHO 版的“数据清单”非常有用，但通常提供的是有关活性成分的一般信息，而不是具体产品的信息，应该在文献/数据库信息中结合现实情况予以考虑。

制造商的安全数据清单和产品标签现在通常可以在网站上找到，只要有电脑可以上网，任何人都能够查阅。两个主要的网址是：

- 作物数据管理系统（Crop Data Management Systems）：农业产品标签和材料安全数据清单 http：//www.cdms.net/manuf/manuf.asp；
- MSDS-SEARCH 国家知识库（The MSDS-SEARCH National Repository）www.msdssearch.com 提供免费访问 100 多万份材料安全数据清单和 1600 多个制造商的链接。

活动：查明农药

目的

帮助我们：

- 使用有关农药的信息来源；
- 查明更多农药的信息。

任务

以下是市面上可买到的配制好的农药产品的品牌 / 商标名称：

- 虫螨威（见下文氨基甲酸酯的健康效应）；
- 德斯班（见下文有机磷的健康效应）；
- 氯菊酯（见下文合成拟除虫菊酯的健康效应）；
- 百草枯（见下文百草枯的健康效应）；
- 草甘膦（见下文草甘膦的健康效应）。

一个品牌 / 商品名称的农药产品将被分配到一个小组。

在您的小组中，使用一下信息来源，查明所列出问题的答案，要表明每个条目的信息来源，重点是信息空白或不容易被理解的信息。

1. 农药分类，除草剂、杀真菌剂、杀虫剂及其他，以及剂型？
2. 原产国和名称以及制造商地址？
3. 按照化学名称命名的活性成分及剂型类产品？
4. 此剂型类产品中的任何其他化学成分？
5. 化学登记号？
6. 有害警示标识？

7. 被批准能够使用此农药的作物？

8. 被控制的“害虫”类型：杂草、疾病、昆虫等？

9. 预防 / 控制和安全措施、操作者保护信息等？

10. 环境保护信息？

每组应该选出一名发言人来报告其发现。

信息来源

1. 制造商的产品标签；

2. 制造商的材料安全数据清单；

3. ILO：关于农药的国际化学品安全卡；

4. 世界卫生组织推荐的按危害进行的农药分类（当前年份）。

制造商产品 / 材料安全数据清单

第一部分：产品和制造商的确定

产品名称在此处按化学名称或商品名称列出，列出的名称应与其标签上显示的名称相同。材料安全数据清单还必须列出产品或物质的同义词。同义词是该物质众所周知的其他名称。

确定制造商：包括制造商（或供应商）的名称、地址、电话号码、MSDS 的准备日期以及下班后拨打的应急电话号码。

第二部分：有害核心成分

对于混合物产品，仅需列出那些在特定有害化学品清单上并占此产品 1% 或以上的核心成分。致癌物质例外，如果占混合物的 0.1%，则必须列出。其有害核心成分必须按其化学名称列出。对于所列出的每种核心成分，必须指明可能接触到的浓度限值。

第三部分：物理数据

本部分列出了沸点、蒸气压、蒸气密度、熔点、表征、气味等。第三部分的信息可帮助您了解化学品的反应特征及其产生的危害类型。

第四部分：易燃易爆数据

第四部分列出了燃点和易燃或易爆极值，并告诉您如何灭火。本部分的信息对于预防、规划和应对化学火灾和爆炸是必要的。

第五部分：反应性数据

第五部分告诉您物质是否稳定，如果不是，不稳定会带来什么危害。第五部分列举了不相容物质（不能放在一起或一起使用的物质）。这一信息对于产品的正确储存和处理非常重要。

第六部分：健康危害数据

进入体内的途径（吸入、皮肤吸收或胃肠摄入）、急性和慢性健康效应、接触的体征和症状、接触产品是否致癌、是否导致健康问题恶化，以及推荐的急救/应急程序都应列入第六部分。

第七部分：处理的防范措施

制定应急响应计划、清理程序、安全废弃方法以及必要的储存和处理预防措施所需的信息必须在第七部分中被详细说明。然而，制造商经常用简单（且不充分）的陈述来总结这些信息，例如“避免吸入蒸气”或“避免皮肤直接接触”。

第八部分：控制措施

推荐的风险控制方法，包括通风、良好操作规程和个人防护用品，详见第八部分。应指明该产品的防护口罩类型和最耐用的防护服与手套材料。但是，这些信息通常是不完整的。此 MSDS 可能不会推荐最耐用的防护材料，而只是简单地陈述应使用“不透水”的手套和防护服。

风险评估

在许多国家，接触农药的劳动者可获得的一个新的信息来源是其工作场所风险评估。用人单位必须在劳动者使用或接触农药之前进行风险评估，并确定其应该到位的为保护劳动者和环境应采取的风险预防和/或控制措施（见下文“改善农药健康和安全”一节）。

农药与健康损害

关于本章节

本章节将帮助我们：

- 确定农药进入人体的途径；

- 查明农药的健康损害效应。

活动：农药和健康损害

目的

帮助我们：

- 确定农药进入人体的途径；
- 确定健康损害效应；
- 练习与劳动者交流的技巧。

任务

1. 将小组分为 HSE 劳动者代表、劳动者和观察员，使用下面的健康损害信息页：

- 要求 HSE 劳动者代表准备讨论和回答以下问题：农药进入人体的路径；农药的健康损害效应；劳动者能够如何支持他们的工会解决问题；
- 劳动者反复斟酌他们想问 HSE 劳动者代表的问题；
- 观察员准备一份清单，列出他们在此访谈过程中要密切关注的要点。

2. 然后，将人分成三组：一组劳动者代表、一组劳动者和一组观察员。HSE 劳动者代表组将讨论并回答劳动者关于农药进入人体的路径以及其健康损害效应的问题，并尝试说服劳动者组在他们的支持下，工会能够解决一些问题。

3. 观察者组应该观察和倾听，并记下谈话的主要要点。

由观察员进行汇报，将关键要点传达给更大的小组。

导读

工作中使用农药很危险。没有安全的物质，所有化学品都可能有毒性，并导致伤害或死亡。预防农药进入人体是避免对健康造成急性或慢性损害的关键。

农药如何进入人体

直接进入的主要途径有：

- 通过接触者的呼吸道吸入（鼻、喉、气管、支气管、肺和胸膜）；

- 通过接触者的皮肤吸收；
- 通过接触者的消化道（胃、肠）摄入。

吸入（经呼吸道进入）

以喷雾液滴、细尘、烟雾、烟和气体的形式吸入农药是一种常见的进入途径。较大的液滴或颗粒在鼻子中被过滤掉；较小的或那些通过嘴吸入的，停留在上呼吸道或喉咙的壁上并被咳出，然后被吐出或吞下（摄入）；最小的飞沫或颗粒非常小或分散度高，以至于无法被看到，它们能够被吸入肺部，造成局部损伤，或者被吸收到血流中并循环到接触者身体的其他部位。

皮肤吸收（经皮进入）

皮肤接触是最常见农药中毒途径之一，农药能够易于穿透人的完整皮肤，造成局部损伤或被吸收进入其血液系统中。如果某些剂型既有毒又含有渗透性溶剂，则尤其危险。这些农药可能会穿过包括防护服在内的个人防护用品，而劳动者却不会注意到。会导致劳动者皮肤毛孔张开的高温工作条件，以及因割伤、擦伤或皮肤病而受损的皮肤，进一步增加皮肤加速吸收的风险。

食入（经口进入）

吞食化学品会导致非常严重的后果，通常是致命的。吸入的颗粒物也可能被咳出，然后被吞下。食入能够通过多种不同途径发生：

- 当受污染的手指放入口中，或用手接触食物或香烟时；
- 通过将喷雾器喷嘴放在嘴唇之间吹气，来清洁堵塞的喷雾器喷嘴；
- 将农药从大的、贴有正确标签的容器中倒入未贴标签的瓶子中出售。这些农药随后可能会被人误认为是软饮料而喝掉。

间接进入的主要途径有：

从母体转移到未出生的胎儿

农药可能通过胎盘转移到胎儿体内。

农药通过食物和水中的残留进入人体

食用食物和水中农药残留是另一种进入人体的途径。我们能够在我们所吃的所有东西中发现天然和合成的农药残留：水果、蔬菜、大米、面包、肉、家禽、鱼以及由它们制成的加工食品中。由于地面和/或地表水的污染，饮用这种水，或用这种水洗浴/盥洗可能是不健康的。灌溉用水也能够被污染，导致作物生长中残留过量的农药。在被农药污染的水中商业养殖的鱼虾也可能含有过量的农药残留。

在食品乃至水中，一些残留物的污染通常是合法的，但这并不意味着它是“安全的”。然而，其中大部分是非法的，残留物超过了合法的最大残留限值/浓度。在使用违禁化学物质的情况下，进口到一个国家的食品可能含有此进口国禁用或限制使用的农药。

农药残留的浓度通常很低，但关于其长期健康效应的证据或研究很少，尤其是对幼儿和婴儿等弱势群体的影响。

农药的健康效应

急性效应

急性或“立即”效应通常在接触期间或接触后不久发生，通常在接触单剂量农药后几分钟到几小时内（在某些情况下，尽管效应可能在几天后才变得明显）。中毒的受害者通常有明显的症状，即使没有，通常也能够确定原因，但症状会因使用的农药而异，具体效应包括：

（1）刺激作用

- 呼吸系统：农药能够刺激鼻子和上呼吸道，导致打喷嚏和咳嗽，在某些情况下，还会引起支气管炎，农药还可能刺激呼吸系统表面并可能损害肺组织。
- 皮肤和眼睛：皮炎（皮疹）是皮肤直接接触的常见反应。由于去除了保护性油脂，接触者的皮肤会变得干燥、粗糙和疼痛。眼睛是极其脆弱的，农药的损害可能从轻微的、暂时性的不适到永久性（慢性的）损害不等。

（2）致敏作用

- 呼吸系统：一些农药能够引起过敏，导致哮喘或其他过敏反应。一旦劳动者是过敏体质，任何进一步的接触，即使是最小的接触，都可能导致变应反应。这种效应并不总是立即发生，能够在接触后数小时发生。

- 皮肤：会发生皮肤致敏作用，进一步的皮肤直接接触，即使是微量的化学物质也可能导致瘙痒、皮疹和其他不适。

（3）中毒

中毒会导致多种反应，从轻微效应（如眼睛或局部皮肤刺激作用）到更严重的效应，如头痛、恶心、疲倦、头晕、呕吐和呼吸困难（能够导致死亡）。然而，一些急性效应会产生似感冒或花粉症等症状，而这些症状的原因往往被忽视。

除了死亡外，急性中毒的效应通常是“可逆的”，也就是说，如果治疗得当，是可以治愈的。不太严重的急性反应通常只在短时间持续，大多数受害者会完全康复。然而，越来越多的证据表明，反复接触低剂量的农药，也可能对受害者造成某些永久性的健康损害。

慢性效应

慢性、长期的健康效应是无法治愈的。受害者将遭受永久性的健康损害，甚至可能死亡，该病的发作可能只发生在最初接触该物质的多年之后，事实上，受害者甚至可能不是最初接触农药的人。就生殖健康而言，受害者可能是因其母亲或因其父亲接触农药而出生时有先天缺陷的婴儿。

确定慢性效应的原因，将其与多年后的健康损害联系起来，总是很困难的。很难证明受害者正在遭受的健康问题或死亡是由于多年前接触过农药所致。

慢性效应更难以被承认，因为症状可能需要数年时间才会出现，而且一开始并非必然严重。存在一种风险，即他们可能会被简单地归咎于某人“感觉不适”“因为高温而持续疲劳”或“只是变老”。

慢性效应的类型包括：

（1）生殖健康

由于接触农药而导致的生殖障碍会同时对女性和男性产生效应，例如，导致不育和性欲减退。接触诱变剂（诱发基因突变的物质）和致畸剂（诱发出生缺陷的物质）会将此问题传递给下一代，损害胎儿，并对育龄妇女构成特殊风险。

（2）职业性癌症

接触致癌物质（诱发癌症的物质）和发生癌症之间的时间能够是10年到40年中的任何时间，这种延迟被称为“潜伏期”。

由于“潜伏期”的存在，以及受影响的个人在此期间接触了包括病毒在内的各种广泛的其他物质，很难将农药接触与癌症联系起来。不同的方法和研究人群已被用于研究农药接触与癌症之间的关系。

（3）免疫反应

许多接触过农药的人描述他们的症状类似于病毒或流感引起的症状。对于流鼻涕、肌肉酸痛、流眼泪和疲劳，都建议考虑其接触了农药。如果这些症状在使用农药后出现，重要的是要联系医生、护士或其他执业医生，并让他们意识到这个问题。

内分泌干扰农药（激素污染物）

近年来，科学家还发现，许多合成农药能够扰乱人类和动物的内分泌系统，导致急性和慢性的混合健康效应。内分泌系统及其产生和控制的激素对人类和动物的生长发育，尤其是性别分化（sexual differentiation）起着至关重要的作用。接触干扰内分泌农药/化学物质能够导致：

- 出生缺陷；
- 免疫系统损害；
- 性别改变：男性化或女性化；
- 精子数量减少；
- 智力下降；
- 行为改变。

内分泌干扰物的污染可能没有可视度，但可能会导致生物体功能和生存方式发生威胁种群的变化。对青少年来说，由于他们尚未怀孕，这种有害的健康效应也可能要到下一代才会显现出来。内分泌干扰物有时被称为激素污染物。

活动：常见农药——查找更多农药

目的

帮助我们：

- 讨论从我们工作场所中发现的农药信息；
- 将这些信息与“官方”信息进行比较；
- 确认在我们工作场所接收到的信息中需要改进的地方。

任务

在您的小组中：

1. 讨论从您的每个工作场所发现的农药标签和数据清单，选择一种农药进行进一步调查。
2. 确认它是除草剂、杀虫剂还是杀真菌剂。
3. 对于您所选择的类别，看看下面一些常见农药健康效应的例子。
4. 将这些信息与从您的工作场所获得的农药信息进行比较。
5. 列出在您的工作场所收到的农药信息中需要改进的地方。

选出一名发言人汇报活动结果。

下文根据美国环境保护署 1999 年第 5 版《农药中毒的认可和管理》（Recognition and Management of Pesticide Poisonings）提供了与所选农药有关的健康效应的采样，所列出的健康效应已经过编辑，并非详尽无遗。

具体农药健康效应的例子

除草剂

百草枯

百草枯是一种全接触型除草剂，用于控制阔叶植物和禾本科植物，是全球使用最广泛的农药之一。本农药活性核心成分具有急性毒性，中毒后没有特效解毒剂。

重点

- 对胃肠（Gastro–Intestinal，GI）、肾脏、肝脏、心脏和其他器官有危及生命的效应。人体的半数致死量（LD50）为 3 ~ 5mg/kg，相当于浓度 20% 的溶液 10 ~ 15mL。
- 通常的死亡原因是肺纤维化，即肺泡内膜增厚和硬化，导致渐进性呼吸困难。

症状与体征

- 摄入：口、喉、胸、上腹部灼痛；肺水肿（体液在肺内过度积聚）；胰腺炎（胰腺的炎症）；其他肾脏和中枢神经系统（Central Nervous System，CNS）的效应。
- 经皮：手部干燥和裂皮，指甲隆起或脱落，皮肤溃疡和破损。皮肤体征在百草枯急性中毒的农业劳动者中很常见。据报道，百草枯长期污染皮肤会导致致死性中毒，但这只有在皮肤被磨损、侵蚀或患病时才会发生。
- 吸入：吸入百草枯引起的中毒很罕见，但一些农业劳动者能够因长期吸入喷雾飞沫而接触，并因局部损伤而流鼻血。

草甘膦

农药活性成分草甘膦是全球使用最广泛的除草剂之一，随着转基因抗农达（Roundup Ready，草甘膦的商业名称）种子的引入，其用途正在扩大。

由于其急性毒性等级较低，草甘膦可与急性毒性更大的百草枯有效竞争。然而，此农药产品的毒性取决于其剂型，并且有几种草甘膦剂型比草甘膦本身的毒性更大。有实质性的证据表明使用这种农药会导致人中毒。

由于草甘膦会被植物吸收，因此不能通过清洗、剥皮、碾磨、烘焙或酿造来完全去除草甘膦，它能够在食品中存留长达两年。它在收获前作为干燥剂和生长调节剂使用，由此导致的残留尤其成问题，因为在其使用后没有足够的时间让该化学物质在收获前降解。

急性毒性

草甘膦在 WHO 分类中被列为Ⅳ级（表 5）：在正常使用中不太可能出现急性危害，被美国环境保护署列为Ⅲ级毒性：轻度刺激物，然而，根据其剂型中的活性成分，它的几种剂型往往毒性更大。

- 草甘膦产品中常用的化学成分聚邻乙氧基苯胺（POEA）的毒性是草甘膦的两到三倍。POEA 和草甘膦似乎有协同作用，该产品的毒性远远大于每种活性成分的毒性；
- 接触草甘膦剂型的效应包括皮肤和眼睛刺激、呼吸问题、心脏效应、血压改变和胃肠问题；
- 草甘膦的毒性研究表明：腹泻、血糖升高、流血涕、胰腺病变、唾液腺病变、生长迟缓以及器官相对重量的改变；
- 草甘膦中毒的症状包括眼睛和皮肤刺激、心脏抑制、胃肠疼痛、呕吐和肺部积液过多。草甘膦和其剂型产品对眼睛和皮肤的刺激能够从轻微到严重不等。

慢性毒性

- 动物终身研究已表明，慢性毒性包括肝细胞过度生长和死亡、白内障和眼晶状体退行性病变。
- 研究已表明，对男性有各种生殖效应：性欲降低，射精量和精子数量减少，异常或死亡精子增多。
- 其他研究已显示其对母亲和后代的效应：生殖周期延长，活胎数量减少，出生体重降低，流产数量增加；胸骨骨化降低。

草甘膦潜在的致癌作用目前仍存在较大争议。监管机构普遍得出的结论是，草甘膦及含草甘膦的产品对人类不会致癌。然而，瑞典 1999 年发表的一项研究认为，接触草甘膦能够增加患非霍奇金淋巴瘤（一种癌症）的风险。

杀虫剂

胆碱酯酶抑制杀虫剂

胆碱酯酶抑制杀虫剂是一种神经毒物，包括两种不同的化合物组：有机磷（Organophosphorus，OP）衍生物（有时称为有机磷酸盐）和氨基甲酸酯衍生物，它们是当今使用最广泛的杀虫剂。在这两组化合物中，各个化合物之间的毒性差异很大。急性 OP 或氨基甲酸酯中毒的症状在接触过程中或接触后几分钟到几小时内出现，具体取决于直接接触方式。吸入接触导致毒性症状的发展最快，其次是胃肠途径，最后是皮肤途径。

有机磷胆碱酯酶抑制杀虫剂

重点

- 通过锁定（磷酸化）神经末梢的乙酰胆碱酯酶（AcTe）发挥作用；
- 乙酰胆碱酯酶是体内分解乙酰胆碱的化学物质，乙酰胆碱是体内帮助神经系统传递信息的化学物质；
- 当 AcTe 不可用时，乙酰胆碱会过量产生，并开始破坏人体器官和生物过程；
- 通过吸入、胃肠和皮肤渗透吸收；
- 毒蕈碱、烟碱和中枢神经系统效应；
- AcTe 必须能自然再生病人才能完全康复。

体征和症状

- 头痛、流涎、肌肉抽搐、恶心、腹泻；
- 呼吸抑制（呼吸减弱）、癫痫、意识丧失；
- 瞳孔收缩（瞳孔缩小）通常有助于诊断。

以下症状和体征按出现的时间顺序排列，从 30 ~ 60 分钟内开始，最长在 2 ~ 8 小时内出现（来源：Dreisbach，Poisoning 1987）：

- 轻度中毒：厌食、头痛、头晕、虚弱（抽筋或胸部不适）、舌和眼睑震颤、瞳孔收缩（瞳孔缩小）、视力障碍；
- 中度中毒：恶心、流涎、流泪、腹部绞痛、呕吐、出汗、脉搏缓慢和肌肉痉挛（肌束颤动）；
- 严重中毒（能够导致死亡）：腹泻、针尖样瞳孔和瞳孔无反应、呼吸困难、肺水肿（肺部积液）、血液氧气不足导致皮肤和黏膜发绀、括约肌控制丧失、抽搐、昏迷和心脏传导阻滞。

氨基甲酸酯类胆碱酯酶抑制杀虫剂

急性氨基甲酸酯中毒的症状类似于有机磷杀虫剂，能够同样严重。

重点

- 引起神经末梢乙酰胆碱酯酶的可逆锁定（氨甲酰化）；
- 通过吸入、胃肠和皮肤渗透吸收；
- 毒蕈碱、烟碱和中枢神经系统效应；
- 解毒剂能够帮助释放（“逆转”）一些锁定的 AcTe，然后能够将乙酰胆碱水平降低到正常水平。

体征和症状

- 头痛、流涎、肌肉抽搐、恶心、腹痛、腹泻；
- 不适、肌肉无力、头晕、出汗、癫痫、意识丧失；
- 中枢神经系统抑制，严重时出现肺水肿。

合成拟除虫菊酯杀虫剂

合成拟除虫菊酯杀虫剂（Synthetic Pyrethroid Insecticides，SPI）在化学上与天然杀虫剂除虫菊相似，但已经过改良以增加在自然环境中对光和热的稳定性。引入 SPI 是因为与 OP 和氨基甲酸酯杀虫剂相关的健康问题，因为其对哺乳动物的毒性通常低于前两组化学物质。

急性中毒

- 中枢神经系统毒性是最严重的，尽管比以下形式更少见。在严重的 SPI 中毒病例中已有癫痫发作的报告。接触毒性更强的氰基 SPI 时更常见癫痫发作，其中包括氰戊菊酯、氟氰菊酯、氯氰菊酯、溴氰菊酯和氟氰菊酯。
- 毒性的其他体征和症状包括面部感觉异常、头晕、流涎、头痛、疲劳、呕吐、腹泻以及对声音和触觉的烦躁，更严重的能够出现肺水肿和肌束震颤。

刺激效应

当液体或挥发性物质直接接触人类皮肤时，SPI 能够引起令人痛苦的症状。

- 感觉被描述为刺痛、灼烧、瘙痒和刺痛，渐进性发展到麻木。面部皮肤似最常受影响，但也累及接触者的脸、手、前臂和颈部。
- 出汗、接触太阳或高温和用水，都会增加不愉快的感觉，有时在接触后几分钟内就能注意到该效应，但延迟 1 ～ 2 小时出现症状也是常见的，这些感觉持续超过 24 小时是罕见的。
- 在报告此类症状的情况下，很少或无明显的炎症反应；推测该效应是由于拟除虫菊酯与皮肤感觉神经末梢接触所致，本质上非变应反应。

致敏和变应反应

已报告了由于接触 SPI 引起的此类效应。SPI 不是胆碱酯酶抑制剂，然而也曾出现拟除虫菊酯中毒因部分症状相似而误诊为 OP 中毒的病例，部分患者因误服过量阿托品而中毒死亡。

有机氯杀虫剂（Organochlorine Insecticides，OCI）

这类物质含有许多持久性和生物累积性物质，可导致慢性健康问题，但这里只讨论急性毒性影响。

体征和症状

- 所吸收的剂量储存在接触者体内的脂肪组织中；
- 感觉障碍、过度敏感（尤其是皮肤）、头痛、头晕、恶心、亢奋；
- 抽搐。

所吸收的 OC 剂量的很大一部分，尤其是 DDT，作为未变化的母体化合物储存在脂肪组织中。一些 OC 或其分解产物（特别是 DDE、狄氏剂、灭蚁灵、七氯、环氧化物、十氯酮）在吸收后会在组织和血液中持续存在数周或数月。

杀真菌剂

杀真菌剂对人类的潜在损害健康效应差异很大。由于错误地食用了用有机汞或六氯苯杀真菌剂处理过的种子，杀真菌剂已造成了一些最悲惨的农药中毒流行病。杀真菌剂能够引起各种慢性健康问题。

急性中毒

重点

- 正在使用的许多杀真菌剂具有不同程度的毒性。
- 除有机汞杀真菌剂外，大多数杀真菌剂似不太可能被吸收到足以引起全身性急性中毒的程度。
- 然而，杀真菌剂可能引起不成比例的皮肤、黏膜和眼睛的刺激性损伤以及皮肤过敏。

硫代氨基甲酸酯类杀真菌剂

举例：福美双

活性成分福美双作为一种粉尘，对人体皮肤、眼睛和呼吸道黏膜有中度刺激性，直接接触性皮炎曾发生在职业接触的劳动者中，一些人对福美双过敏，全身中毒事件很少，其反应包括恶心、呕吐、剧烈头痛、头晕、昏厥、精神错乱、呼吸困难、胸腹痛、大量出汗和皮疹等症状。

举例：亚乙基双二硫代氨基甲酸酯（EBDC 化合物）

活性成分：Maneb、Zineb、Nabam 和 Mancozeb 可能会刺激皮肤、黏膜和眼睛。Maneb 和 Zineb 都已引起职业接触劳动者的慢性皮肤病，可能是由致敏引起，这些化合物引起的全身中毒极为罕见。

关于农药的法律和国际标准

关于本章节

本章节将帮我们：

- 确定关于农药的国家法规；
- 确定关于农药的国际和其他标准；
- 使用这些法律和标准解决问题；
- 追踪农药相关信息。

导读

国家法规

由于农药是有毒化学品，因此具有有害性，公共政策规定它们的批准和登记、分类、标签、包装、制造、剂型、进口、出口、营销、广告、销售、供应、运输、储存、可用性、使用和废弃物处理应由法律规定。

各国的法规各不相同。监管的某些方面已成为法律的主体，如果违反，将受到制裁。其他方面是操作规程的主题，甚至是自愿协议。

许多国家的一般劳动法和职业健康与安全法规往往忽略或明确排除农业。然而，大多数国家现在都有关于农药登记和控制的立法（尽管在许多情况下是基本的和资源不足的），因为：

- 除了农民和农业劳动者接触的风险外，农药还会影响公共健康、食品安全（农药残留物）、空气和水质、土壤健康、野生生物；
- 农药甚至会通过空气或海路 / 水路在国家和地区 / 半球之间迁移。

国际法规 / 工具

国际法乃至自愿性标准现在越来越多地推动和 / 或影响国家农药法律和标准的制定，因此，学习国际法和标准非常重要，我们能够用它们来制定自己的国家法律或扩展和 / 或加强现有的国家法律和标准。

一项重要的工具是FAO自愿性《国际农药供销和使用行为守则》（2003年修订版，见下文）。该守则试图建立一个最低国际标准用于监测政府和农药行业的标准。虽然该守则是自愿的，但以跨国制造公司为代表的国际农药行业已陈述，将努力确保公司遵守该守则中规定的标准。

许多国际规则往往是通过公约或协议来实现的。大多数国际公约，如ILO的公约，当其在国家范围内可强制执行时，必须首先得到各国的批准，然后将其转化为国内法规。但是，若不遵守，一般尚无能够应用的有效国际制裁手段（详见手册6）。

相比之下，越来越多新的、具有法律约束力的化学品国际公约现已获得通过，并正在批准过程中。这些新型公约，例如，下文讨论的《鹿特丹公约》和《斯德哥尔摩公约》，包括可能容许在不遵守的情况下通过国际法院或法庭实施和强制执行国际制裁的条款。

执法

在工业化国家和发展中国家以及经济转型国家，无论何种形式的监测和执法，都是一个无处不在的问题。世界各地的政府劳工/卫生和安全监察机构通常人手和资源不足，即使他们一开始就拥有足够的、在工作场所执行健康、安全和环境标准的执法权。

同样，HSE劳动者代表计划或劳动者–管理层健康与安全联合委员会的HSE劳动者代表通常不存在；或者，在HSE劳动者代表享有合法权利的情况下，他们没有得到良好的组织和培训，并且资金不足。

工会与HSE劳动者代表

如果存在法律认可的HSE代表，就能避免农药所致死亡和中毒。

但是HSE劳动者代表对农业的HSE法律的行动面临着特殊的困难。许多地理上分散的农业企业通常雇佣少量劳动者，健康和安全代表的正常法律安排很难适用。这就是为什么IUF希望找到基于外部劳动者代表的计划，他们将到访特定地区的农业企业。IUF将这些人称为“巡查”健康和安全代表，意味着这些代表将访问他们自己未受雇的农场和种植园。请参阅本书的附录，以更全面地讨论IUF呼吁在农业中设立巡查安全代表计划。

此法律上的缺陷

总的来说，发达国家现有的法规和执法体系并不能恰当地代表工会、社区、消费者或环保团体的利益，这个问题在发展中国家和经济转型国家要严重得多。

在现存有法律的地方，这些法律通常未被大众所熟知，农药的基本毒性数据和评价标准受“商业机密 / 商业秘密”保护；制造商或政府通常没有法律义务公开此类数据以供独立审查。在美国、加拿大、瑞典和丹麦等国家，信息自由法使公民可以查明已制定的决策及其制定依据。

应用农药法律

活动：应用农药法律

目的

帮助我们：

- 确定本国农药相关法律；
- 推广用此法律解决问题。

任务

在您的小组中，选择两个先前在本课程中提到的与农药有关的健康和安全问题。

使用下一页的工作表：

- 确定本国法规的相关部分（您的教育者将为您提供摘要）；
- 计划下一步做什么。

选择一位发言人汇报您小组的关键要点。

应用此法律工作表	
姓名____________________ ____________________	工会及工作场所____________________ ____________________
问题：简述____________________ ____________________ ____________________ ____________________ ____________________ ____________________	该法律的哪些部分能够提供帮助？ ____________________ ____________________ ____________________ ____________________ ____________________
该法律如何规定？ ____________________ ____________________ ____________________ ____________________ ____________________	谁来负责？ ____________________ ____________________ ____________________ ____________________ ____________________
您如何应用该法律使该问题得以解决？ ____________________ ____________________ ____________________ ____________________ ____________________ ____________________	接下来您打算做什么？ ____________________ ____________________ ____________________ ____________________ ____________________ ____________________

集体谈判

您的工会可以通过集体谈判来克服所在国家 / 地区农药健康和安全法规中的一些局限性。通常，与等待国家法规改变相比，采用谈判过程能够更快地改善工作场所。在许多国家，集体谈判协议可以在法院或通过法庭强制执行，因为它们通过以下途径具备法律效力：

- 工会与其用人单位之间的关系；
- 将 CBA 的内容纳入劳动者的个人合同。

使用 ILO 公约的标准

活动：将 ILO 公约应用于农药

目的

帮助我们：

- 确定相关公约；
- 将该公约应用于农药问题。

任务

在您的小组中，选择两个先前在本课程中提到过的健康和安全问题。

使用下一页的工作表：

- 确定相关的 ILO 公约（见下文摘要）；
- 确定这些标准如何帮助解决农药问题；
- 计划下一步做什么。

选择一位发言人汇报您小组的关键要点。

应用 ILO 标准工作表	
姓名________________	工会及工作场所________________
问题：简要描述农药相关问题________________	该公约的哪些部分能够提供帮助？
该公约如何规定？	谁来负责？
您如何用此公约中的标准使问题得以解决？	接下来您打算做什么？

国际公约、标准和工具

您可以用来加强本国法律的国际公约、标准和工具包括：

（另见本书中的手册 3 和手册 6）

ILO

主要公约及其不具法律约束力的建议书，与农药健康和安全相关的有：

- 《农业中的安全与卫生公约》（第 184 号，2001 年）及其配套的第 192 号建议书；
- 《职业安全与健康和工作环境公约》（第 155 号，ILO 安全与健康公约的框架）及其配套的第 164 号建议书；
- 《职业卫生服务公约》（第 161 号）及其配套的第 171 号建议书。

ILO《农业中的安全与卫生公约》（第 184 号，2001 年）

有关这一新法律工具的完整解释请参见本书手册 6，第 184 号公约对农药和化学品管理提出了以下要求：

第 12 条：化学品的健全管理

主管当局须根据国家法律和惯例采取措施，以保证：

（a） 有一个适宜的国家制度或主管当局批准的任何其他制度，对农业中使用的化学品的进口、分类、包装和加贴标签以及对于对其加以禁止或限制制定具体标准；

（b）那些生产、进口、提供、出售、转让、储存或处理农业中使用的化学品的人员遵守国家的或其他公认的安全与卫生标准，并以该国特定的一种或多种官方语言，向用户，以及经要求向主管当局提供充分而适宜的资料；以及

（c）有一项关于安全收集、回收利用和处理化学废料、过期化学品及化学品空容器的适宜的制度，以避免将其用于其他目的，以及消除或最大限度地降低其对安全与卫生及环境的危险。

第 13 条

1. 国家法律和条例或主管当局须保证，企业一级对使用化学品和处理化学废料要有预防与保护措施。

2. 这些措施须特别涉及：

（a）化学品的配置、搬运、施用、储存和运输；

（b）会造成化学品分散的农业活动；

（c）化学品所使用的设备与容器的保养、修理和清洗；以及

（d）空容器的处置以及化学废料和过期化学品的处理与处置。

此外，第192号建议书提供了以下指南：

化学品的健全管理

第7段（1）应根据1990年化学品公约与建议书的原则及其他有关国际技术标准，采取为农业中化学品的健全管理所规定的措施。

（2）特别是，在企业一级要采取的预防和保护措施应包括：

（a）为使用化学品的人员和为维修及清洗个人防护用品与化学品施用设备而提供适当的个人防护用品与服装，以及洗涤设施，劳动者无需为这些付费；

（b）对被施用化学品的地区在喷洒过程中与喷洒后的预防措施，包括防止食品和饮用水以及洗涤和灌溉用水水源污染的措施；

（c）根据国家法律和惯例，以消除或最大限度地减少对安全与卫生和对环境危害的方式，搬运和处理不再需要的有危害化学品和已用完但可能残留有此种化学品的容器；

（d）保持农药的施用登记；

（e）持续基础上的农业劳动者培训，视情况，此种培训要包括关于做法和程序或有关各种危害的培训，以及关于与化学制品在工作中的使用有关须遵循的预防措施的培训。

有关ILO提供的其他健康、安全和环境信息，请参阅以下网页：

https://www.ilo.org/topics-and-sectors/safety-and-health-work

联合国粮食及农业组织（FAO）

联合国粮农组织于2003年更新的《国际农药供销和使用行为守则》旨为各国提供农药销售、处理和有效使用的一套指导原则。它是自愿性的，但为监测政府和农药行业的标准制定了最低国际标准，它规定了政府、制造商和销售商的责任。该守则涵盖的问题包括农药使用的监管、供给、销售和健康方面，以及广告、标签、包装、储存、废弃和事先知情同意原则（见下文）。

该守则旨在协助各国采取必要的改进措施，提高有效管理农药的国家能力（包括产能

和人的能力），并制定农药生产和贸易行业标准。

此FAO守则是一份重要的参考文件，工会和非政府组织经常利用它来帮助提高国家农药卫生和安全标准，并确保农药公司达到高标准。

实施该守则的经验已表明，它的使用有助于许多国家启动和/或加强农药管理活动。

联合国粮农组织/环境规划署和事先知情同意公约

《关于在国际贸易中对某些有害化学品和农药采用事先知情同意程序（PIC）的鹿特丹公约》（1998年）具有法律约束力，通过一个联合秘书处进行管理。联合国粮食及农业组织（FAO）负责农药，联合国环境规划署（United Nations Environmental Programme，UNEP）负责工业化学品。

PIC公约是一个信息交换、通知和同意程序，旨在确保国际运输任何国家为保护人类健康或环境而已禁用或严格限用的化学品，或在发展中国家使用条件下导致健康或环境问题的严重有害农药剂型，基于出口商（或经进口商）提供的有关化学品危害、预防和控制措施等资料，未经进口国政府事先同意，不得进行。

出口国拟出口PIC清单化学品时须事先通知进口国，出口商须向进口国政府提供有关化学品性质、危害、预防措施等资料（包括通知本国政府）。进口国对这些信息进行评估，然后同意或拒绝同意进口，或设定进口条件。即使不允许进口，出口商也必须遵守此事前同意决定。然后，出口国政府有责任确保其出口商遵守同意决定，并且在拒绝同意的情况下不出口。

列入PIC中的化学品和农药，只要符合该公约规定的标准，就应按政府要求列入其PIC清单。工会和非政府组织可以在收集特定农药中毒和事故的信息/报告方面发挥重要作用，以便其政府使用此类数据。要求将引起这些问题的农药列入其PIC清单并遵守其PIC程序。目前被列入该PIC清单上的严重有害的农药剂型包括2,4,5–T、埃尔德林、杀螨醇、氯丹、氯二甲醚、氯苯酸、DDT、1,2–二溴乙烷（EDB）、狄氏剂、地乐酚、氟乙酰胺、六氯环己烷、七氯、六氯苯、林丹、汞化合物和五氯苯酚，以及甲胺磷、甲基对硫磷、久效磷、对硫磷和磷酰胺的某些剂型。自1998年9月以来，该临时PIC程序中已又增加了六种农药（联苯胺、毒杀芬、环氧乙烷、二氯乙烷、久效磷和二硝甲酚）和另外一种严重有害的农药剂型（含苯菌灵组合的粉状粉尘剂型，含量7%或以上；克百威，含量10%或以上；福美双，含量15%或以上）。

注意

禁用农药是指为保护人类健康或环境，而采取最终管制行动禁止其所有用途的农药。它包括首次使用被拒绝批准，或已被行业从国内市场或在国内批准流程中撤回的农药，以及有明确证据表明已采取此类禁用行动以保护人类健康或环境（FAO 国际农药供销和使用行为守则，2003 年修订版）。

严格限用农药是指为保护人类健康或环境，而采取最终管制行动禁止其近乎所有用途，但仍容许某些特定用途的农药。它包括在近乎所有用途都被拒绝批准、被行业从国内市场或国内批准流程中撤回的农药，以及有明确证据表明已采取此类行动以保护人类健康或环境（FAO 国际农药供销和使用行为守则，2003 年修订版）。

2000 年 UNEP《关于持久性有机污染物的斯德哥尔摩公约》

具有法律约束力的《关于持久性有机污染物的斯德哥尔摩公约》提出了禁令、渐进性淘汰、清洁生产或其他消除持久性有机污染物（Persistent Organic Pollutants，POPs）的行动。目前该公约中包括九种农药：艾氏剂、狄氏剂、DDT、异狄氏剂、氯丹、六氯苯、灭蚁灵、毒杀芬和七氯胺。

联合国世界卫生组织

国际化学品安全计划（The International Programme on Chemical Safety，IPCS）是三个联合国组织的联合计划——ILO、UNEP 和世界卫生组织，每个组织处理化学品安全的不同方面。IPCS 的主要作用是：

- 为化学品的健全管理提供科学依据；
- 加强国家化学品安全能力（包括产能和人的能力）。

《WHO 推荐的根据危害对农药进行分类和分类指南》（WHO Recommended Classification of Pesticides by Hazards and Guidelines to Classification）

该分类和指南已得到各国政府的广泛接受，文件安排如下：

第 1 部分：WHO 推荐的《根据危害对农药进行分类》，本部分不需要定期审查，分类表和文本只能通过 WHO 世界卫生大会的决议进行更改：

- 1a 级：极度危害；
- 1b 级：高度危害；

- 2 级：中度危害；
- 3 级：轻微危害；
- 4 级：在正常使用中不太可能出现急性危害的技术产品清单。

第 2 部分：分类指南，每两年修订一次。根据技术产品的经口或经皮毒性及其物理状态，将每个产品分类在一系列表格中，这些表格需要定期审查。

其他有用的 IPCS 出版物

- 国际化学品安全卡（International Chemical Safety Cards，ICSCs）总结了化学品的基本产品数据以及健康和安全信息；它们专为在工作场所使用而设计 http：//www.cdc.gov/niosh/ipcs/icstart.html。
- 农药数据清单（Pesticides Data Sheets，PDS），包含有关广泛用于农业或公共卫生项目以及具有高毒性或异常毒性记录的农药健康和安全信息。
- 健康与安全指南（Health and Safety Guides，HSGs）提供关于接触化学品风险的简明信息，以及有关医疗和行政议题的可操作性的咨询；它们的受众范围很广，为行政人员、管理者和决策者而设计。
- 环境健康标准提供化学品对人类健康和环境效应的评估；它们专为负责风险评估的科学专家而设计，使有关当局能够制定无害化使用这些化学品的政策。

所有这些信息现在都能够在光盘和网页上免费获得 http：//www.inchem.org。

联合国食品法典委员会

食品法典委员会（The Codex Alimentarius Commission，CAC）是 FAO 和 WHO 的联合项目。通过 CAC，各国政府就食品中农药和化学残留的国际最低标准达成一致。该委员会公布了食品法典清单，该清单构成了 FAO 制定的国际最大残留限值（Maximum Residue Limits，MRLs）的基础。

政府间化学品安全论坛（Intergovernmental Forum on Chemical Safety，IFCS）

该 IFCS 是一个政治论坛，各国政府、政府间组织、工会、行业、科学机构和公益性 NGOs 齐聚一堂，以满足：

- 制定和协调有毒化学品的环境无害化管理政策；
- 向政府、政府间组织、行业、工会、科学机构和公益性 NGOs 提供咨询和建议。

IFCS 负责监督和协调《21 世纪议程》第 19 章关于有毒化学品的无害环境管理的实施。《21 世纪议程》是各国政府和其他利益相关方在 1992 年联合国环境和可持续发展大会上同意的关于环境和可持续发展的行动规划。政府和其他利益相关方在 2002 年可持续发展世界峰会宣言中重申了对有效实施《21 世纪议程》第 27 段的承诺。

IFCS 适用于第 19 章的所有六个项目领域：

- 项目 A：扩大和加速化学品风险的国际评估；
- 项目 B：分类和标签的一致化；
- 项目 C：交换有关有毒化学品和化学品风险的资料；
- 项目 D：拟订减少风险方案；
- 项目 E：加强管理化学品的国家能力和能量；
- 项目 F：防止有毒和危险产品的非法国际贩运。

IFCS 在成员国设有国家负责小组（单位）系统，能够从 IFCS 网站获取最新名单：

https://www.who.int/initiatives/intergovernmental-forum-on-chemical-safety

（检查您所在国家 / 地区是否有 IFCS 国家负责小组 / 单位并与他们联系，并与他们讨论您的工作和活动。）

评估国家化学品管理基础设施的国家概要

通过 IFCS，鼓励所有国家编制一份《评估国家化学品管理基础设施国家概要》来评估其现有的基础设施和管理化学品的能力，它应吸引包括工会在内的不同利益相关方投入，并反映他们的看法和关切。

联合国培训研究所（the United Nations Institute for Training and Research，UNITAR）已经开发了关于如何准备概要的标准化格式和指南。

编制国家概要，强调在国家层面确定的化学品管理优先重点和需要领域，可以为制定综合化学品管理国家行动项目提供一个良好的起点——将职业健康和安全与公众 / 社区健康和环境关切联系起来。多方利益相关者平等参与的过程能够为所有关切方之间的平等合作行动搭建舞台，以加强化学品管理。

作为 IUF 的 HSE/ 全球农药项目的一部分，IUF 在加纳、坦桑尼亚和乌干达的附属农业工会一直在参与其国家概要的编制工作。这些工会希望确保这些概要反映使用或接触农药的农业劳动者所面临的问题，并确定优先事项并制定行动计划以解决所识别的问题。

国家概要可在联合国培训研究所网页和光盘上公开获取，以便对不同国家的化学品管理体系进行比较 http：//www.unitar.org/cwm/nationalprofiles。

集体谈判

通常，与等待国家立法改变相比，此类集体谈判过程能够更快地改善工作场所，因为前者是一个非常缓慢的过程。鼓励您的工会以 ILO《农业中的安全与卫生公约》（第 184 号，2001 年）和《关于工作场所化学品使用安全公约》（第 170 号，1990 年）的规定为基础，就化学品的使用达成协议。

活动：ILO 公约和其他标准

目的

帮助我们：

- 确定关键的 ILO 公约和其他标准；
- 练习呈现信息的技巧。

背景

该国政府已邀请工会秘书长参加一次三方会议，该会议的主题是关注其国家使用、禁用农药的问题。目前，该国家法律在与农药有关的各个方面都非常薄弱。该工会秘书长希望在三方会议之前听取工会健康与安全顾问关于与农药相关的国际标准类型的简要介绍。

任务

将小组分为工会秘书长、工会健康与安全顾问和观察员，使用以上 ILO 公约和其他标准：

- 工会健康和安全顾问将被要求准备向工会秘书长作简要汇报并回答问题；
- 工会秘书长需反复斟酌他们想问的问题；
- 观察员需准备一份检查表，列出他们在访谈过程中要密切关注的要点。

随后你们将被分成三组，一组工会秘书长、一组工会健康与安全顾问和一组观察员。此工会健康与安全顾问将向此工会秘书长简要汇报情况，并回答问题；此观察者做好观察和倾听，并记下这场谈话的要点。

由观察员进行反馈报告，将关键要点传达给更大的小组。

改善农药健康和安全

关于本章节

本章节将帮助我们：

- 确定农药使用 / 接触的预防和控制措施；
- 反复斟酌农药的替代使用方法；
- 制定工会行动计划。

没有所谓“安全使用农药”

尽管用人单位、农药行业销售商和顾问，甚至政府顾问可能会告诉您相反的情况，但在实践中，农药使用总会存在一定程度的风险。永远记住寻找农药使用的替代方案以预防风险（有关 IPPM 和有机农业，请参见下文）。

然而，现实情况是，许多农业劳动者仍然在日常岗位中被迫使用或接触农药，农药在使用时会表现出最大的危险，因此，在本节中，我们将研究农药使用前、使用中和使用后能够发生的职业危害，以及应采取哪些可操作性的防范措施。

活动：预防和控制

目的

帮助我们：

- 调查农药相关的关键问题；
- 使用预防和控制指南；
- 向管理层提出问题。

任务

在您的小组中，选择一个在您的一处工作场所使用农药相关的优先问题，查看以下有关预防、控制和替代方案的指南材料。

利用下一页的工作表来准备：

- 此有害因素是什么；

- 如何预防或控制此有害因素所致风险；
- 如何向管理层提出这个问题，以及如何提出要使用的论据。

选择一名发言人反馈报告您小组的想法。

工作表：预防和控制	
危害	
描述	
原因	
信息	
有法律效应的标准	
ILO 公约	
如何预防或控制此风险（见下文指南）	
替代方案（见下文指南）	
规划	
工会目标	
吸引成员	
向管理层提出的要点	
需采取的行动	

风险评估和预防与控制措施

风险评估

在使用或接触某种农药之前，用人单位最优先的一步是在工作场所进行风险评估。工作场所风险评估应在施用农药前、中、后，对农药使用者及在附近工作/居住者，识别其潜在的危害，评估所致的风险，并为此用人单位制订适当的实施措施，以预防、控制或将所识别的风险降至最低。

ILO《农业中的安全与卫生公约》（第184号，2001年）：第7条

用人单位须：

（a）针对劳动者的安全与卫生进行适宜的危险评估，并根据这些评估结果采取预防与保护措施，以保证，在所有预期使用的条件下，在用人单位控制之下的所有农业活动、工作场所、机器、设备、化学制品、工具和生产过程是安全的，并符合规定的安全与卫生标准；

（b）在考虑受教育水平和语言差别的情况下，保证就安全与卫生问题，向农业劳动者提供充分与适宜的培训和易于理解的说明，以及任何必要的指导或监督，包括提供关于同其工作有关的各种危害与危险的资料以及关于为保护他们而要采取的行动的说明。

ILO《农业中的安全与卫生建议书》（第192号，2001年）：第5段

在企业层面，依照以下优先顺序的危险评估和管理措施：

- 消除危险；
- 控制危险源；
- 通过以下手段，如设计安全工作制度、采用技术与组织措施和安全做法，以及开展培训，最大限度地降低危险；
- 在危险依然存在的情况下，提供和使用个人防护用品和服装——此种用品和服装对劳动者免费。

应遵循如下列出的优先秩序采取预防控制措施。

第 1 步：消除有害因素所致风险

目的是通过评估是否真有必要使用农药来消除任何可能的风险，检查：

- 其杂草、昆虫或病害是否已被正确识别，所造成的经济损失程度是否足以保证使用农药？
- 有没有其他处理虫害问题的方法？例如，综合生产和虫害管理、使用非化学生物农药或有机方法？
- 该农药是否已合法批准并登记以用于预期用途？

如果不可能消除该风险，那就考虑替代方案：

- 使用有害性较小的农药？
- 使用有害性较小的剂型，例如，使用颗粒而不是能够飞溅的液体？

如果无法通过消除或替代的方式预防该风险，并且用人单位的风险评估已经确定实际或潜在的虫害确保使用农药有益，则应遵循以下列出的顺序，开展风险控制措施。

第 2 步：风险控制

从源头上进行风险控制，包括使用众所周知的技术和工程控制。

举例：

所致风险

许多设计不当的喷雾容器和包装袋，甚至喷雾器，能够导致农药在混合和灌装操作过程中喷溅到接触的皮肤、衣服或眼睛中。

技术 / 工程控制解决方案，例如使用：

- 用于拖拉机式喷雾器的密封混合和灌装系统。拖拉机司机只需简单地将农药容器放入该系统中，然后在自动完成混合的同时远离危险，避免接触浓缩农药或飞溅的风险。拖拉机司机穿戴适当的个人防护用品作为技术和工程控制的补充，彻底冲洗空的农药容器至少 3 次，并将其放在安全的地方进行处置。
- 可溶解、水溶性塑料袋中的农药剂型。可以简单地将这些小包装整个放入背负式农药喷雾器或拖拉机喷雾罐中。取下罐盖，摇动混合，包装在喷雾罐内溶解，释放农药，之后不需要处理任何容器。

- 将经批准的活性炭农药过滤器装在拖拉机驾驶室，可在任何农药逸散到驾驶室之前将其吸收。

拖拉机驾驶室中的普通滤尘器不起作用，切勿使用！

第 3 步：安全的工作体系，引进技术和组织措施、安全操作规程和培训

- 用人单位已经保证有一个安全的工作体系到位了吗，正如风险评估中所确定的那样？例如，喷洒农药前劳动者是否已离开喷洒区域？是否观察重新进入处理区域的时间区域？
- 有效的监督到位了吗？
- 已经检查了喷淋设备，以确定它处于工作状态并进行了适当的校准吗？

第 4 步：信息和培训

- 使用农药的劳动者接受过专门的 HSE 培训吗？农场的操作员必须接受正确的、其所处理的农药和设备培训，熟悉法律以及什么是良好实践，并接受受过培训者的监督。
- 其他接触农药的劳动者接受过农药有害因素及风险预防与控制措施的基本培训吗？

卫生和健康监护

- 施用农药的农场 / 种植场和农田 / 温室提供了良好的盥洗设施吗？所有用户应在喷洒农药后进行清洗。
- 在需要的地方有急救设备，包括洗眼器，有受过急救培训的劳动者 / 职员吗？
- 如果控制措施失效，而所使用的产品能够有严重的健康效应，有提供健康监护吗（例如有机磷和氨基甲酸酯）？

其他信息

- 农药是否对牲畜和所涉及的“环境”（蜜蜂、鱼类等）造成风险？
- 此农药将直接或通过自然渗透破坏溪流、河流或其他水源，无论是地表水或地下水吗？

- 此农药将损害邻近的作物吗？
- 采取了足够的防范措施，以保护无论牲畜或公众都免受接触到要喷洒区域的农药（例如，在公众行人道上张贴警示告示、向养蜂人发出通知）。
- 除了针对每次使用的具体防范措施外，大量使用农药的人员，特别是在农场和种植园，必须在显著位置张贴其应急救援程序的书面计划。现场每个人都应熟悉该计划，并已经接受该计划实施的培训。

已使用农药后，剩余的农药必须安全处置（查标签说明书），空容器及包装袋必须安全处置。液体容器应被彻底冲洗三次，然后废弃（查国家规定）。核实您的农药供应商是否对空的、清洗过的农药容器有回收程序。空容器 / 桶绝不能再用于装柴油或家居用途！确保容器被压扁或刺穿。

第 5 步：提供、使用和维护 / 更换个人防护用品

风险评估应评估使用何种类型的个人防护用品（PPE）来补充现已到位的其他控制措施。

“个人防护用品”这一术语是指在处理和使用农药期间提供防护的任何衣服、材料或设备，包括手套、护目镜 / 面罩、化学呼吸器、橡胶围裙和靴子、用于极度有害物质的全套防护服和全身工作服。该用品应由用人单位免费为劳动者提供、维护和更换。

由于个人防护用品是保护操作者效果最弱的手段，因此它应该是最后的控制措施，只作为实施上述所确定的其他控制措施后的补充措施。不幸的是，对许多劳动者来说，这通常是用人单位提供的第一个同时也是唯一的控制措施。在全球范围内，个人防护用品是保护操作人员免受农药侵害的主要手段，因为无论是农药行业还是农业用人单位都过度依赖这一措施。

农场和种植园劳动者个人防护用品的类型

手套：在处理农药时应始终佩戴无衬里橡胶或氯丁橡胶防护手套，其厚度至少应为 0.4 毫米，同时在任何天气下都能保持灵活性。手套应能保护整个手和手腕：从中指指尖到袖口边缘，长度不小于 300 毫米，全身工作服的袖子应始终裹在手套下面，手套应是专门为使用农药而设计的（带有布袖口的工业通用手套不适合，因为会吸收农药）。一些农药（如溴甲烷）可以渗透橡胶手套，天然橡胶手套也可能无法预防诸如二甲苯等溶剂的污染。

撕裂或损坏的手套不应佩戴，并应立即更换，每天工作后应用水和清洁剂清洗手套，冲洗并晾干；定期更换也很重要。

围裙：一种防护性橡胶 / 氯丁橡胶围裙，覆盖身体的前部和侧面，从肩膀正下方到任何靴子顶部至少 70 毫米（至少应该延伸到膝盖以下）。

全身防护服：一件或一组防护服（提供的防护不亚于单件防护服），紧贴合颈部和手腕，并且：

- 覆盖全身和所有衣服，除了由良好的面罩、呼吸防护用品、鞋子和手套覆盖处，并且在穿戴时将对操作员的热压力降至最低；
- 当使用颗粒、粉尘或粉末形式的农药时，应将其全部外部口袋覆盖住，并将袖子盖在所戴手套的顶部；
- 其他被农药污染时会产生白色或明显对比的颜色；
- 定期清洗以避免被农药污染。

靴子：由橡胶或氯丁橡胶制成的防护（橡胶或威灵顿）靴，至少延伸到膝盖正下方，全身防护服应该穿在靴子顶部的外面。皮革或帆布靴不适合，因为它们很容易吸收农药。

面罩：一种覆盖整个额头和面部的透明罩，为保护额头和面部免受喷溅而设计，这些比只保护眼睛的护目镜要好（如果使用护目镜，眼镜片必须具有耐化学性，带子必须是塑料或橡胶而不能是布的）。

头部防护：面罩或防水的宽边帽或其他头部覆盖物，为保护前额、颈部、头部后部和侧面在使用环境中免受农药的污染而设计。

呼吸防护用品（Respiratory protective equipment，RPE）：呼吸器、呼吸设施、过滤盒（过滤膜）和面罩应属于一个国家 / 地区农药登记或健康与安全主管部门批准的类型，或符合其批准的标准。建议 RPE 用于更有害的农药（参见其标签或数据清单）。化学滤毒盒应该是批准用于特定农药的，并且在通过化学滤毒盒检测到气味、呼吸受限或根据制造商的说明书或相关法律时，无论先满足哪点，都应定期更换。

在使用后应取下此滤毒盒并用水和清洁剂清洗呼吸器，并冲洗、晾干。不使用时，呼吸器和滤芯应存放在密封的塑料袋中，以预防污染。

如果使用一次性口罩，则这些口罩必须经过批准和登记才能与特定农药一起使用，并含有活性炭过滤膜。一次性防尘口罩（无论是防“滋扰性”粉尘款还是更高质量的型号）不能保护使用者免受飞沫进入其肺部的危害。

检查表——个人防护用品的缺陷

√ 个人防护用品会让人感到不舒服，而且使用者通常拒绝长时间佩戴它，这是可以理解的，尤其是在炎热的气候/工作条件下。有证据表明，在炎热的气候/工作条件下佩戴个人防护用品能够使操作者处于热衰竭状态。

√ 个人防护用品通常设计得很差，只能提供有限的保护，例如，糟糕的设计没有将不同体型的人纳入考虑，比如面具也未考虑到不同的面部特征，或者考虑到女性和男性之间的差异。

√ 农药标签甚至材料安全数据清单都未具体说明应该穿戴什么类型的个人防护用品以及它们提供的保护程度。对于许多类型的个人防护用品，没有标准化的设备，并没有提供至关重要的安全信息，如保护因素和耐久性；例如，手套的种类和材质都很混乱。购买者几乎没有安全信息来做出理性的选择。

√ 个人防护用品通常不适用于手头的工作。我们经常看到喷雾操作员戴着防“惰性”粉尘口罩，他们错误地相信这些口罩会预防吸入细小的喷雾液滴，然而它们并没有保护作用。只有带有活性炭滤膜的一次性面罩或口罩才将阻止细小的农药飞沫进入佩戴的劳动者肺部。

√ 个人防护用品应保持良好状态，未被之前的使用污染，并应免费提供给劳动者。在实践中，防护服和呼吸器往往维护不善，经常与私人衣物一起存放，并未被足够地清洗或更换。因此，要免费为劳动者提供个人防护用品的正确储存、维护和定期更换进行谈判，是很重要的。

活动：劳动者与个人防护用品

目的

帮助我们：

- 确定用人单位和劳动者的责任；
- 确定 HSE 劳动者代表在处理纪律和 HSE 中的角色；
- 解决不适合的个人防护用品问题。

任务

1. 阅读下面的简短案例研究。

最近已经为劳动者提供了个人防护用品（PPE），供他们在处理化学品时使用。在选择 PPE 的问题上，管理层没有与劳动者磋商。许多劳动者（主要是女性）拒绝穿戴，因为它是为男性设计的，因此不合身且不舒服。一名高级管理者现已通知 HSE 劳动者代表，如果劳动者不穿戴 PPE，他们将受到纪律处分。

2. 在您的小组中，您认为 HSE 劳动者代表和劳动者接下来应该做什么。

选择一名发言人，使用图表报告反馈。

应用风险评估

一旦用人单位已进行风险评估并与劳动力讨论此风险评估的结果后，应将适当的预防和控制措施落实到位。

包装和容器

用人单位应确保供应符合国家标准和法规的包装和容器的农药，并贴有合适的当地语言的标签。农药包装的大小可能有很大差异，从小的塑料容器、小包或盒子到大的金属或塑料桶。在任何情况下都绝不应该尝试重新包装农药！

转移／换瓶

只有在非常例外的情况下，才能将农药从一个容器转移到另一个容器，且只应由经过培训并有适当监督的劳动者转移，转移后新容器必须立即贴上适当的标签。

不幸的是，在许多农场 / 种植园，通常做法是将农药从原来的包装 / 容器中取出，然后：

- 要么把它放进无标记的小袋子里，比如纸袋；
- 或者，在液体农药的情况下，将其倒入更小的没有标记的容器，或者从其他产品中取出的、用过的空农药容器。

然后，这些较小的包装或容器被带到要使用的地方。这样做的原因之一是为了预防农药被盗窃。然而，转移或换瓶是一种糟糕的操作，不应予以鼓励。

运输

在农场或种植园，将这些物质安全运输到要使用的田地里是很重要的，因为它们可能离农药仓库很远，要确保：

- 避免随意堆积；
- 农药须与同车运输的其他物料及人员分开；
- 驾驶员不得在车辆 / 拖拉机驾驶室内随身携带农药。

储存

储存农药的用人单位，应知道如何建造及维护储存棚，并为在储存棚内工作的劳动者及定期进入其中的劳动者制订安全的工作体系。理想情况下，应建造一个专门存放农药的仓库，并应：

- 位于适当的地点，便于车辆运输和装卸；
- 远离房屋、禽畜区、易燃物料、水源或易受洪涝的地区（以预防污染地下水供应源的风险）；
- 与其他堆砌物，如肥料、易燃物料及庄稼 / 粮食分开（如果此储存仓 / 储存区域在一个通用目的的建筑物内）；
- 在一个良好的建筑内，其中墙壁、地板和屋顶应防火、耐腐蚀、防水防潮且绝缘，地板应铺设板条，以避免被泄漏物污染，并设有高门槛，以便建筑物在清扫前能够容纳泄漏物。有一个外部防水罐来储存泄漏的液体。使用清理泄漏物的材料，如锯末；

- 有合适的出入口，防火门尽可能外开；
- 配有坚固耐用的搁架；
- 设有自然通风或排气扇，以避免烟雾积聚；
- 提供充足的采光，以便能够阅读所有标签，同时避免阳光直射，因为如果化学品太热则有自燃的风险；
- 在较冷的气候下供暖良好，足以避免霜冻，尤其是在储存液体时；
- 预防盗窃、破坏和动物，使用清晰的警示标识，警示里面存有毒物；
- 提供盥洗设施和放置用过的个人防护用品的地方。

此外，必须注意：

- 小心储存物品，并尽可能将其归类为有毒、腐蚀性、易燃等物品；
- 单钢桶不超过三个高，单塑料桶不超过两个高；
- 对仓库内的农药保持记录。

农药储存不当会造成许多问题，包括：

- 缺乏警示标识，使人们处于风险之中；
- 不通风，有毒气体积聚；
- 如果储物架与仓储员座位 / 桌子之间的空间不足，将增加仓储员的健康风险；
- 仓库中缺少个人防护用品；
- 溢出或容器泄漏导致农药渗入裸露的地面和河道；
- 包装着火；
- 受天气损害后变质；
- 建造简陋的仓库容易被盗或被故意破坏。

培训

农药施用者 / 操作者及帮手应接受适当的培训，涵盖：

- 发生故障或伤亡事故时的应急 / 急救措施；
- 正确选择喷洒设备；
- 检查喷洒设备，以确保正确校准和功能良好，以及可以发现故障；

- 检查和维护个人防护用品；
- 搅拌、灌装、使用；
- 在现场进行简单的维修，包括喷嘴堵塞；
- 清洗、维护使用设备和个人防护用品。

施用农药

农药以多种形式出售：液体、颗粒、粉、雾、烟雾、蒸气，所有这些形式都需要以不同的方式处理，以阻止农药被吸入、摄入、皮肤吸收或污染其施用环境。在喷洒机和背负式喷洒机的搬运、搅拌和装载期间，会产生以下污染：

- 吸入浓缩农药的蒸气、飞沫甚至粉尘；
- 将液体农药溅到皮肤或眼睛上；
- 将液体或粉末农药弄到手上以及身体和防护服的接触部位，由此进入口腔，与皮肤直接接触，或通过皮肤吸收进入血液。

检查表：喷洒前防范措施

√ 阅读其标签和所提供的其他信息。

√ 避免使用装在无标签的纸袋或塑料包装袋的，或被倾倒在无标签或标签错误的容器中的农药。如果您的用人单位指示您以这种方式使用农药，请确保他向您提供正确标签的副本和有关如何正确使用农药的书面说明。

√ 检查喷洒设备，包括校准。

√ 检查并穿戴所有个人防护用品。

√ 检查急救设备。

√ 检查天气状况是否良好。

√ 将所有警示标识放置到位。

检查表：搅拌和灌装 / 装载期间的防范措施

√ 按照标签说明使用个人防护用品，在没有关于个人防护用品的明确建议的情况下，应穿戴全身防护服和手套，并使用面罩，以确保最低限度的保护。

√ 拧开盖子时，注意手套不要被锯齿状的金属或塑料边缘划破。

√ 绝不徒手搅拌农药。一次只能打开一个容器，如果有化学品剩余，请盖上盖子 / 关闭容器。

√ 在将两种或两种以上的浓缩液装入罐中之前，切勿将其混合。

√ 切勿在容器和喷洒设备之间倾倒农药。

√ 仅用适当的容器量出农药并立即冲洗；使用专用于粉末的秤。

√ 避免将容器提举到肩部以上，因为这样农药能够溅出。

√ 切勿攀爬有开口的容器的喷洒器。

√ 如果必须直接倒入箱子，请确保有良好的支点，最好是在地面上适当高度的平台上。

√ 慢慢倒入容器开口，让空气能够进入，避免汩汩地倒出和飞溅。

√ 使用灌装附件，例如化学感应探头和低位灌装和混合罐，或密封的混合和灌装系统。

√ 使用感应探头时，应避免吸入空气而产生气泡。

√ 空容器至少清洗三次，并在废弃之前存放在一个安全的地方。

√ 如果能够，请使用探头冲洗容器。

√ 确保农药不会回流到供水系统中。

- 切勿在未清洗探头的情况下将其放回套中；背包长枪也是如此。
- 切勿在生活供水系统和喷淋罐之间进行直接连接。
- 切勿在无法防止回流的情况下从溪流中取水。
- 切勿在接触农药时吸烟、进食或饮水，因为这可能会导致农药进入口腔并被吞咽。在处理农药时吸烟，会通过香烟或烟斗内的微型炉吸入化学蒸气。

检查表：施用期间的防范措施

√ 以正确的速度行走或驾驶，正确地喷洒，以确保对地面或作物的正确剂量。

√ 注意天气状况的变化，如果风太大就停下来。

√ 注意附近的同事或在人行道上经过的行人。

√ 喷洒时绝不离河道太近，要重视作物周围的缓冲区。

√ 确保随身携带一些水和急救设备。

√ 避免不良做法，例如尝试把堵塞的喷嘴放在您的嘴里，吹气清除阻塞物，要用清水或软探针（如草茎）清洁喷嘴，这样做时要戴上手套。

√ 注意架空电缆，确保喷洒杆不会直接接触到电缆，许多致命的触电都是因此所致。

检查表：喷洒后的防范措施

√ 对可能已被污染的手、脸和脖子或身体的其他部位进行初步清洗，脱下手套前先清洗手套。

√ 将没有使用的杀虫器还回仓库，在废弃前，把空的容器清洗三次并确保储存在安全区。

√ 移除警示标识。

√ 通过彻底清洗去污染 / 清洁施用设备，并确保在此操作时穿戴个人防护用品。冲洗物应经引流管排入渗水坑或类似的密闭室中，以确保被安全地密闭且不会对其环境造成风险。

绝不在溪流或河道中清洁喷洒设备。

√ 通过清洗手套、围裙、靴子和面罩等物品，去污染 / 清洁个人防护用品。对手套的里外均进行清洗，并将其晾干。呼吸防护用品在彻底清洁前应擦拭干净（移除化学滤毒盒）。

√ 完成上述操作后，彻底洗澡或清洗。

√ 对于全身防护服等物品，确保在工作场所有专门的安排，以便妥善清洗。洗衣服的劳动者在清洁物品时也必须得到适当的保护。

绝不将被农药污染的衣服或设备带回家中清洗，因为这会使您的家人处于风险之中。

√ 完成使用记录。良好的管理做法是了解哪种农药在哪个领域最有效，在发生与农药有关的疾病时，这也是一种参考来源。

√ 观察重新返回处理区域的次数。

保存记录

用人单位必须对劳动者接触农药以及所有涉及储存、施用和废弃农药的操作保持良好的记录。接触记录必须至少保存5年，病例健康监护档案至少保存30年。记录既能帮助控制库存，也能在劳动者、公众、蜜蜂、其他生物或非目标作物受到意外污染的情况下作为参考。记录建议采用以下标题：操作员，日期，施用地点，作物，经过处理的材料或结构，处理的原因，使用的产品、稀释率和施用量，农药使用时数，天气情况，以及其他相关细节。

重返间期

出于安全原因，从施用农药到进入施用过农药的农田、温室 / 塑料大棚、牲畜棚的时间间隔称为重返间期 / 间隔。不应将其与收获间期混淆，收获间期是指在施用农药和收获作物之间的时间，以避免或将农药残留的问题降至最低。重返间期是为了让残留物衰减到进入田地的劳动者接触量不足以造成有害效益的程度。

重返间期根据使用的农药类型、剂量、作物处理的表面积和天气情况而有所不同。必须始终重视其标签、安全数据清单或书面说明书上所陈述的最短重返时间。如果弱势群体接触此危险，例如，公众到农场购买农产品，则可能需要延长这一重返间期。

如果在重返间期之前需要进入施用过农药的区域，那么必须穿戴个人防护用品。

处置剩余农药和容器期间的防范措施

超出需求量的混合农药应根据标签或MSDS进行安全的处置。工作区域必须清理干净；将化学品包装 / 容器放回其储存库内；安全处置废弃容器。如果它们没有被正确地操作，所有这些步骤都能够导致污染。它们还能够对牲畜、宠物和野生生物产生灾难性效应，并污染水源。

检查表：处理混合过的剩余农药

√ 冲洗物应流入专门建造和维护的土壤渗水坑或其他特殊容器；
√ 从喷洒器中清洗的农药绝不能流入公共下水道，或有渗流到任何形式河道的危险；
√ 如果可能的话，使用一个冲洗装置（而不是将水注满喷水箱并用泵抽水）来清洗设备和容器，这样将减少用水量。

检查表：处置不需要的、过期的农药

√ 大量不需要的农药应与当地官方农业顾问 / 官员磋商后或与制造商磋商后进行处置；

√ 许多地方主管部门经营专门的垃圾填埋场来处理有害废物，也能聘请信誉良好的专业废物处理承办商。

处置农药容器

农药容器经常被留在田里，或倾倒在河道中。理想情况下，容器应该退还给制造商处理，在某些情况下这是可能的。国际农药行业在一些国家开展了试点项目，在这些项目中，能够将空的、冲洗过的农药容器退给当地的农药分销商或专门仓库。

- 所有容器（包括纸制包装）都应该至少冲洗三次，和上面描述的洗涤槽一样处理清洗物。冲洗时应穿戴个人防护用品，尤其是手套、全身防护服和面罩。
- 容器在处置之前，必须存放在一个明确限定的和有标记的地方，最好是有覆盖物的地方，如果空纸袋存放在外面，最好有专门的防水容器。
- 绝不得重复使用这些容器，无论是用于储存、饮水、柴油燃料或任何其他用途。应将纸、塑料和金属穿孔或压碎，使其不能再使用。
- 在用人单位拥有或占用的建筑物内，应根据容器材料谨慎处理。
- 玻璃和金属（非气溶胶）应在袋子中压碎（玻璃）或压平，然后将其掩埋在离地面排水沟以下至少 1 米深的隔绝处，该区域应设置围栏或标有警示标识，应保留日期和埋藏材料的记录。
- 标签不应被毁坏。能够采取与玻璃或金属相同的防范措施来掩埋容器。在某些情况下，可容许焚烧轻度污染的包装。应事先与当地政府磋商，如有必要，应与制造商磋商。

农药替代方案

关于本章节

本章节将帮助我们：

- 查明农药的替代方案；
- 准备好在工作场所争取替代方案，特别是作为集体谈判协议的一部分。

导读

在农业中，特别是在同一块土地上重复种植同一种作物（单一栽培），滥用农药导致了农药依赖、农药耐药性和虫害再猖獗等问题。过度使用化学品意味着害虫已经进化出对某些农药的耐药性，即它们不再会被某些农药杀死或控制。按计划施用农药还伤害了有助于自然控制害虫的非目标、有益捕食者、寄生虫和病原体。结果，农药无法控制的幸存害虫往往会再度猖獗，导致新的作物损失。事实上，越来越多的证据表明，农药远不能解决害虫问题，反而可能会加剧现有的害虫问题，甚至产生新的害虫。

经常使用农药能够导致依赖性，从而不得不使用越来越多的农药或越来越新的活性成分来维持虫害控制水平。农民依赖于农药带来的产量，需要使用越来越强效的农药来维持产量。这些问题促使人们寻找化学农药的替代品，这能够被大致分为：

- 综合生产和病虫害管理（IPPM）；
- 有机农业。

注：农药 / 生物技术行业声称，使用基于转基因生物（GMOs）的生物技术能够提供化学农药的替代品。然而，这一主张需要仔细地讨论和检查，因为该行业的主张有许多领域的不确定性和许多强有力的反驳。出于这个原因，转基因生物技术和农药的主题在这里不作为一个替代物。

活动：综合生产和病虫害管理（IPPM）

目的

帮助我们：

- 确定 IPPM 的关键方面；
- 练习呈现信息的技能。

背景

工会秘书长已被邀请参加三方会议，讨论 IPPM 的潜在用途。工会秘书长希望在关于 IPPM 关键方面的三方会议前，听取工会健康与安全顾问的简要汇报。

任务

将小组分为工会秘书长、工会健康和安全顾问以及观察员，使用以下关于 IPPM 的内容和本书中手册 4 中的资料卡 14：

- 要求工会健康和安全顾问准备向工会秘书长作简要汇报并回答问题；
- 工会秘书长将认真考虑他们想问的问题；
- 观察员准备一份检查表，列出他们在此会谈期间要注意的要点。

然后将参与者分成三组，一组工会秘书长，一组工会健康和安全顾问，以及一组观察员。工会健康与安全顾问将向工会秘书长作简要汇报并回答问题。观察者应注意观察和倾听，并记下此谈话的要点。

由观察员进行反馈报告，将关键要点传达给更大的小组。

综合生产和病虫害管理

IPPM 进展

IPPM 是合成化学农药的主要替代方案之一。发展中国家和发达国家的 IPPM 项目在减少农药使用和对健康和环境的相关负面影响方面都已取得了重大进展。许多现场案例已表明，通过更好地管理害虫和更好地选择害虫管理投入，同时保持产量、盈利能力和质量，可能减少农药的负面影响。大规模的案例包括东南亚和非洲的水稻、北欧的保护性蔬菜生产、全球的棉花以及各种其他作物，如玉米、小麦和露天田野蔬菜。

IPPM 能够被劳动者和工会用于避免使用 / 接触有毒的合成农药。

综合生产和病虫害管理（IPPM）是什么

在联合国粮农组织《国际农药供销和使用行为守则（2003 年修订版）》中，“综合虫害管理（Integrated Pest Management，IPM）是指仔细考虑所有可用的虫害控制技术，随后综合采取适当措施，阻止害虫种群的发展，将农药和其他干预措施保持在经济上合理的水平，并减少对人类健康和环境的风险或将风险降到最低。IPM 强调健康作物的生长，尽可能减少对农业生态系统的破坏，并鼓励虫害自然控制机制”。

简而言之，现在所说的 IPPM 方法包括培训获薪农业劳动者和农民同时识别“害虫”（昆虫、疾病等）以及控制它们的天敌，包括维护天敌赖以进食、生存和繁殖的植物、自然栖息地和生态系统的重要性。IUF 正与一家国际机构——全球 IPPM 机构合作，对农业劳动者进行 IPPM 技术培训并向他们提供适当的技术信息。然后，劳动者能够利用此培训和信息将 IPPM 条款纳入与用人单位的集体谈判协议中，作为使用有毒农药的替代方案。IPPM 对劳动者和管理人员更友好，对作物的损害更小。

关于 IPPM 的详细信息，请参见本书中手册 4 中的资料卡 14。

有机农业

导读

在许多国家，农药是现代农业、园艺和土地管理，甚至小规模农业必不可少的组成部分，即使很多时候并不受欢迎。对越来越多的有机农场主来说，情况已不再如此。世界范围内，人们对有机农业、耕作和园艺实践的兴趣日益浓厚，消费者对有机产品的需求不断增长，这些产品通常以溢价出售。有机栽培同时避免使用可溶性硝酸盐肥料和合成化学农药。许多农民正在转向有机农业，许多国家正提供越来越多的支持，以帮助他们转向有机农业或低密集、更可持续的农业生产方法。

对从传统生产向有机生产转变的研究表明，日益增长的有机农业和其他类型的可持续农业是可行的选择。

在许多国家，由有机种植农场主（农民、农户）甚至园丁组成的全国性协会已如雨后春笋般涌现。此外，还建立了国际网络，例如国际有机农业运动联合会（International

Federation of Organic Agricultural Movements，IFOAM）。

有机农业的优势

有机方式有很多优势，包括：

- 消除化学农药的使用；
- 减少硝酸肥料盐渗入河流和河道；
- 减少土壤侵蚀。

有机农业的方法

有机种植不仅意味着回归传统方法，这些方法在人工农药出现之前就已使用。专业地使用此方法是一种复杂的技术，依赖于对生态学、土壤科学和作物育种的细节了解，同时，任何园丁都能够使用这些基本步骤。

有机种植的重要元素是：

- 通过轮作来提高土壤肥力，并打破特定作物害虫的生命周期。轮作中的一个元素是豆科植物（即豌豆和豆科的一员）；这些植物的根瘤中有细菌，能够“固定”空气中的氮，并将其储存在植物组织中。翻耕豆科植物的残留物可以保持其土壤中的硝酸盐含量。
- 通过堆肥和小心使用动物粪便来循环利用养分。这些方法在必要时增加硝酸盐含量，并增加其土壤中微量元素的含量。粪便通常在施用前进行堆肥，以确保它不会被雨水淋走。
- 非化学害虫和杂草控制，包括 IPPM、生物控制；栽培防治（通过种植策略等）以及使用机械除草机、喷火器等。
- 在广泛的系统中进行的混合耕作或园艺。理想的情况下，有机农场有相当小的农田，并混合了农作物和牲畜。
- 在生产食物的同时，照顾野生生物和乡村。人道地对待动物，容许它们进入牧场，避免药物或激素接触。动物福利组织力挺有机农业，因为它改善了对待牲畜的方式。

在有机农场控制害虫

有机农业的昆虫和疾病控制主要是预防而不是治疗。除了良好的畜牧和卫生条件外，控制昆虫和疾病的关键因素有：

- 平衡轮作以打破其昆虫和疾病循环；
- 均衡供应植物养分；
- 在作物内部和周围建立一个生态系统，吸引捕食者，在适当的情况下在农田中利用灌木篱墙或混栽、伴植、套种和混合种植；
- 使用抵抗性品种和策略性种植日期。

此外，容许的害虫和疾病控制方法包括使用诱捕、屏障和声音进行机械控制；草药、顺势疗法和生物动力喷雾剂；水玻璃（硅酸钠）；碳酸氢钠；软肥皂；蒸气灭菌；用天然机制进行生物控制；依照传统种植的种子。

如果这些不能提供足够的保护，一些有机标准还包含一些“限制性”方法，其中包括使用多种植物性杀虫剂和杀真菌剂，包括天然除虫菊酯和鱼藤酮。

有机农场害虫控制的关键是将此系统作为一个整体，而不是任何孤立的步骤。施用化学农药的农民说得非常正确——如果在一夜之间戒断所有化学品，他们将被害虫淹没。有机食品标准所需的转换期不仅是为了给农用化学品的土壤“解毒”，而且对于容许种植区重新恢复营养平衡、积累捕食者、寄生虫和害虫病原体等也是必要的。

这并不意味着有机种植农民永远不会面临害虫问题。他们确实会面临害虫问题，然后他们借助于害虫控制方法，这些方法有时包括使用少量经认证的有机生产商明确以供使用的植物性农药。但是有机种植农民大大减少了对害虫控制的需求，从而也减少了对农药的需求：

- 有机种植农民不控制从未发生的虫害。他们不进行保险性、按计划喷洒，这意味着喷洒农药以防万一发生害虫或疾病（有时也会杀死害虫的有益天敌，弊大于利）。
- 他们不进行美容性喷洒，即使用农药使农产品卖相更好。购买有机食品的人们宁愿所购苹果上有无害的痂皮，也不愿苹果里有合成农药残留。
- 有机种植农民在任何可能之处都使用非化学方法控制害虫，这意味着，当他们在真正的应急情况下不得不使用除虫菊和鱼腥草等农药时，效果要比常规浸泡在农用化学物中的土地好得多。

未来策略

活动：工作中在农药方面的下一步行动

目的

帮助我们：

- 制定农药危害与风险治理方案；
- 确定我们可以采取的步骤，吸引成员参与，并教育和告知成员。

任务

使用下一页的工作表，拟定您个人农药行动计划大纲，要切合实际，但要努力实现一些真正的改变。

为本课程其他人准备一份关于您的主要观点的反馈报告。

行动计划工作表				
需要做什么	您的目标	您将做什么	何时做	产出是什么
农药危害与风险				
查明劳动者健康损害情况				
农药相关信息：标签、数据清单、风险评估				
法定标准				
培训劳动者				
预防和控制措施				
农药替代方案				
其他				

手册 6　如何批准和使用 ILO《农业中的安全与卫生公约》（第 184 号，2001 年）

前言

对全世界农业劳动者来说，2001 年 6 月 21 日是具有历史意义的一天，因为国际劳工大会通过了 ILO《农业中的安全与卫生公约》（第 184 号，2001 年）和《农业中的安全与卫生建议书》（第 192 号）。尽管农业是世界上最危险的三个行业之一，而且拥有最多的劳动力，但这是第一次在国际法中保障获薪的农业劳动者[1]——无论是永久性、临时性或季节性的农业劳动者，与其他类别的劳动者享有同样的权利和同等水平的保护。据估计，全世界有 4.5 亿获薪的农业劳动者，在世界大多数地区其人数都在增加。全球农业劳动力超过 11 亿，获薪农业劳动者占 40%。在获薪劳动者中，女性占 20% ~ 30%。不幸的是，童工也是农业劳动力的一部分。

2001 年 6 月，在日内瓦参加第 89 届国际劳工大会（International Labour Congress，ILC）的各国政府、用人单位和劳动者工会，明确通过了这些新工具，尽管在 2000 年国际劳工大会上，用人单位团体对此强烈抵制。印度尼西亚和马来西亚的用人单位代表团只有

[1]　获薪的农业劳动者是指在农田、果园、温室、畜牧单位和初级加工设施中劳动，生产世界粮食和纤维的女性和男性。从中小型农场到大型工业化农场和种植园，他们受雇于其中任何类型的用人单位。他们是获薪的劳动者，因为他们既不拥有或租用他们工作的土地，也不拥有或租用他们使用的工具和设备，所以他们是一个不同于农民的群体。这些劳动者包括以下类别：永久农业劳动者；暂时性农业劳动者；季节性 / 偶尔农业劳动者；流动农业劳动者、计件劳动者；或者以获得某种“实物”作为报酬的劳动者。许多土著农业劳动者也是受雇佣劳动力的一部分。农业劳动者为某种形式的“工资”工作，这些“工资”可包括雇佣关系中的实物支付，雇佣方可为农场主、农业或种植园公司、农业承包商等。（IUF，2002）

2 票反对，41 票弃权（28 个用人单位和 13 位政府代表）。

由于农业、建筑业和采矿业是世界上最危险的三大行业，提高农业的安全和健康标准的需要是至关重要的。以所致的劳动者生命丧失、受伤和健康损害来衡量，农业劳动者在一个不可持续的行业中劳动。此外，农业劳动者和小农构成了农村贫困的核心。由于不良饮食和营养不良，贫穷问题会增加与工作有关的健康损害的风险。

农业劳动最显著的特点之一是，它是在农村环境中进行的，在那里工作环境和生活环境之间没有明显的区别，不像工厂或办公室的劳动者，因此，农业劳动者及其家庭成员面临额外的危险，如接触农药。然而，农业劳动者仍处于全球贫困程度最高的行列——通常被排除在健康、安全和社会保护的有效形式之外。

IUF 认为，在该建议书的支持下，通过、批准和执行该公约是发展可持续农业的关键要素和措施之一。如果农业继续使生产世界粮食和商品的大量劳动者和农民失去生命、致残并患病，或者继续破坏其所在环境，那么农业就无法可持续发展。在强大的工会组织下，安全和健康的农业劳动力，也是帮助确保世界粮食供给和促进粮食安全的关键要素，例如，保障劳动者洗手的权利和方法，不仅保护了劳动者本身，也保护了其生产粮食的质量。粮食不仅应该被贴上生态标签，而且还应该被贴上社会标签，以规定生产粮食的劳动者是在安全和健康的工作条件下完成的。

希望本 ILO—IUF 手册有助于促进 ILO 第 184 号公约的批准和执行。

目标

本手册旨在帮助农业劳动者及其工会和民间社会组织开展运动，促进快速批准和执行 ILO《农业中的安全与卫生公约》（第 184 号，2001 年）以及支持性建议书（第 192 号）。本手册还应为此公约及其内容提供有帮助的整体参考。

如何使用此手册

此部分能够被单独使用，但最好：

- 作为课程工具使用，调动工会成员积极性；
- 在为工会执行委员会成员举办的研讨会上使用，以起草批准计划；
- 供 HSE 劳动者代表使用，包括用于劳动者—管理者工作场所健康和安全联合委员会的会议；
- 在教育活动中使用，既可以作为常规课程使用，也可以是 IUF HSE/ 全球农药项目的一部分；
- 作为与政府和农业用人单位协会就批准问题举行三方会议的基础使用。

您不需要从头到尾通读此指南，只需根据您的当前情境参考其中适用部分。

选择正确的部分

如果您对ILO或者ILO的公约不了解	⇨	请查阅“ILO背景”以及“什么是国际劳工标准？”部分
如果您想简要了解为什么该公约如此重要及其所包含内容	⇨	请查阅“第184号公约为何重要”部分
如果您的政府尚未批准该公约	⇨	请查阅“批准—程序与时间表”部分
如果该公约已被批准或您想弄清楚它对您本国法律的影响	⇨	请运用“批准之后—实施”部分
如果您想知道如何向ILO投诉	⇨	请查阅“实施—将向ILO报告和合规性纳入其中”部分
如果您想说服ILO就该公约召开会议	⇨	请通读“三方机制和第184号公约”部分
如果您想就农业健康与安全规划一个ILO项目（与您的政府合作）	⇨	请查阅“技术合作：能否对实施和合规性有帮助”部分
如果您想逐条地详细了解该公约，包括IUF在适当之处的评论	⇨	请查阅“比较此公约和您的国家法律”部分

ILO 背景

介绍

ILO 是联合国系统的一部分，被称为联合国的“专门机构”。联合国系统的每个专门机构都负责一个特定的领域——用联合国的行话来说，就是它的“法定职责”。ILO 的法定职责是解决社会问题——尤其是工作世界和就业中的社会问题，因此，劳资关系、童工、职业培训、创造就业的政策以及工作中的健康和安全都是 ILO 的议题。

与所有联合国组织一样，ILO 的资金由各成员国提供，各国必须单独加入 ILO，因此，有一段时间美国是联合国的成员，但不是 ILO 的成员。

实际上，ILO 的历史比联合国还长，它是根据标志着第一次世界大战结束的《凡尔赛条约》而成立的，与此同时，国际联盟是一个较弱的、早期版本的联合国。

1919 年，世界一战“战胜国”的领导人开会制定了一个条约，以决定新的边界，并把“战败国”的殖民地交给战胜方（基本上是法国、英国和美国）。

这些政治家是在世界各地罢工、革命和起义的巨大浪潮的形势下进行的会面，当时俄国革命只有两年的历史，劳动者要求，一战造成了苦难，需要一个社会正义的结果，因此 ILO 宪章陈述：

“只有在社会正义的基础上才能建立人人享有和持久的和平”

要求社会正义是 ILO 成立的原因之一，但对劳动者采取国际法律行动的想法并不完全是新的。为发展这样一个组织，多年来一直在持续开展推动工作。

ILO 在国际组织中之所以独具一格，是因为它的三方性质。其他联合国组织仅由政府管理，但在 ILO，各国政府、工会和用人单位都有代表参加国际劳工大会、ILO 理事会和专门委员会。工会在 ILO 会议上拥有话语权和投票权。

什么是三方机制

三方机制是 ILO 的本质，ILO 已将其定义为“权力分享”。简单地说，它是指工会、用人单位和政府应该共同努力，在影响他们的议题上寻求共识。它是集体谈判，或者说两方机制（只有工会和用人单位参与）的延伸。

在国际劳工大会上，每个成员国派出 4 名代表：2 名代表政府，1 名代表用人单位，1 名代表工会；ILO 的理事会也以同样的方式组成。

工会和 ILO

ILO 的中心目标是保护劳动者和促进社会正义。尽管它有许多缺点，但想象一下，如果它不存在，工会将要求建立一个新的以 ILO 现在的方式组成的联合国机构；工会也似不太可能让政府每年召开一次会议，就健康和安全方面的国际条约达成协议。

因此，工会能够利用 ILO 以及发起关于农业劳动者健康与安全公约运动的 IUF 来展示如何能够做到这一点。

什么是国际劳工标准——公约和建议书

国际劳工标准体系采用公约和建议书的形式，它们是在每年于瑞士日内瓦举行的国际三方劳工大会上谈判和通过的。

国际劳工公约

ILO 对成员国开放对公约的批准，这些公约对批准了它们的国家有法律约束力。

一旦这些国家出于自愿批准公约，它们将执行对这些公约的应用，确保其本国法律和惯例符合这些公约的要求，并接受国际监督。

有关指控不遵守公约的投诉，可由下列人士提出：

- 其他批准国政府；
- 用人单位；
- 劳动者组织。

对此类投诉进行调查和采取行动的程序，后文将对其进行更详细的描述。

ILO 已制定许多关于安全和健康的公约，可分为四类：

1. 此类提供针对特定风险的保护。例如，在工作中安全使用化学物质、石棉和机械安全保护装置。

2. 此类为特定部门的经济活动提供保护。例如，建筑业，第 184 号公约属此类。

3. 此类强调保护措施。例如，青年劳动者的医学检查和职业癌症的预防。

4. 此类规定了行动指导政策的框架。例如，《职业安全和卫生及工作环境公约》（第 155 号）及其建议书，《职业卫生设施公约》（第 161 号）及其建议书。

国际劳工建议书

建议书不是国际条约，它们制定了可能指导国家政策和实践的非约束性指南，各国政府不批准建议书，建议书就如何推广其公约中的规定给出了更详细的措施。

区分公约和建议书之间的差别很重要。成员国在建议书方面有重要的程序性义务：

- 向其立法机构提交其建议书文本；
- 报告所采取的行动；
- 应 ILO 理事会的要求，不定期报告为落实各项规定所采取或设想采取的措施。

尚未批准的公约具有与建议书同等的价值，即作为指南。

ILO《农业中的安全与卫生公约》（第 184 号，2001 年）为何重要

农业劳动者的健康和安全保护

该公约通过以下措施，对农业健康和安全规定了一种全新的方法：

- 坚定地让用人单位承担责任；
- 强化劳动者的权利；
- 让政府承担明确的法定义务。

劳动者的权利

此公约赋予劳动者以下几项重要权利：

- 在安全和健康事宜的推广和审查方面享有知情权和协商权。
- 平等参与安全健康措施。
- 选举健康和安全代表以及劳动者 – 管理层健康和安全联合委员会的代表。
- 在出现严重和立即风险时，自行撤离远离此危险，且不因这些行动而被惩罚。

该公约还规定，劳动者有责任遵守健康和安全措施的要求，并与用人单位合作。

用人单位的责任

该公约规定了用人单位的许多具体责任，最重要的包括：

风险评估

用人单位必须对其农业劳动者可能面临的所有风险进行仔细评估，这个过程被称为“风险评估”，有三个阶段：

1. 识别有害因素（造成伤害的潜力）；

2. 评估此有害因素所致风险（来自某一特定有害因素的伤害变成现实的可能性）；

3. 在此评估的基础上，用人单位应采取预防和保护措施，以确保安全和健康，并遵守健康和安全标准。

培训和信息

用人单位必须确保农业劳动者：

- 训练有素；
- 被提供他们能理解的说明书和信息；
- 被监管。

停止工作

对劳动者发生严重和立即的危险时，用人单位必须立即停止工作。

政府的法定义务

此公约向各国政府规定了五项关键任务：

1. 开发和审查有关农业安全和健康的连贯的国家政策，为完成这项任务，各国政府需要与用人单位和工会进行磋商。

2. 建立一个实施此政策的主管部门，以执行有关农业职业安全和健康的国家法律和法规。

3. 明确用人单位和劳动者的权利和责任。

4. 确保在农业工作场所制定一套方法充分的监察体系，并规定纠正措施和适当的惩罚措施。

5. 在主管当局建立不同部门间的协调机制。

该公约中的标准非常高，在许多国家实施这些标准肯定会取得有意义的改变，实施该公约的第一阶段是让政府同意批准该公约，这是下一节的主题。

第 184 号公约还得到劳工组织其他安全和健康公约的补充：

《职业安全和健康及工作环境公约》（第 155 号）及第 164 号建议书；

《职业卫生设施公约》（第 161 号）及第 171 号建议书；

《作业场所安全使用化学物质公约》（第 170 号）及第 177 号建议书。

批准——程序和时间表

程序

一项公约需要两个国家批准才能生效。批准公约是一个国家的自由行为，但是，如果一个国家决定批准，该公约就在国家层面具有约束力，必须通过立法或其他方式推广。

国际劳工大会于 2001 年 6 月通过该公约及其建议书后不久，ILO 秘书处就致函各成员国，附上该公约及其建议书的定稿，并将该定稿的副本送交国家用人单位和劳动者代表组织。然后，各国政府有一年的时间（例外情况下有 18 个月）向有关机构——通常是议会或人民大会——正式提交该公约及其建议书。这是 ILO 宪章（第 19 条）规定的法定义务。

首先，在将此文本提交其议会时，该政府必须表明它理想中考虑的行动。在提出建议之前与工会磋商是一种良好的实践（如果该政府已经批准了 ILO 第 144 号公约，这也是一项法定义务）。

其次，各国政府必须向 ILO 反馈报告：

- 他们为提请主管部门注意该公约及其建议书而已采取的措施；
- 关切的“主管部门”是什么人或什么；
- 此关切部门所采取的行动。

在实践中，各国政府有四个实际的选择：

1. 如果国家法律或实践已经达到很高的标准，并且同该公约所规定的一样好，那么该政府能够建议批准。

2. 如果像许多国家一样，国家法律或实践没有达到该公约的要求，那么政府能够建议修改其法律，或制定全新的法律。

3. 该政府能够建议推迟决定，以便有时间进行更多的磋商或研究。

4. 建议不采取行动，不批准。

最后，根据 ILO 的宪章，各国政府必须将他们为递呈本公约所采取的措施告知 ILO。这份递呈给 ILO 的报告也必须送交至工会和用人单位代表，他们能够对这些报告进行评论。

迄今为止的批准情况

截至 2003 年 7 月 14 日，已有三个国家批准了第 184 号公约，该公约于 2003 年 9 月 20 日开始生效，其他许多国家已宣布了批准意向。

工会干预

在上述程序中，工会有几种进行干预的可能：

- 如果政府甚至还没有正式提出这些文本，那么就开始发起运动，以使其得以完成。有可能是相关部门经验较少的官员不知道这项法定义务，在这种情况下，您能够通过提醒他们注意此程序的方式来帮助他们。您能够利用这个机会确保该部门与农业工会进行磋商。ILO 理事会已编制了一份备忘录，就在向议会提交文本之前的这一程序提供了详细的指南。IUF 已制作了一份副本，可供使用。

- 如果此文本已悄悄提交，未与工会进行磋商，那么您至少能够要求得到一份发给 ILO 的报告副本。同样，有可能是部门官员不了解劳工组织宪章规定的法定义务。您能够通过向他们展示此备忘录来帮助他们。IUF 的成员希望在议会中进行良好的讨论，这样有机会游说议会成员，并影响辩论。
- 如果其政府已不建议采取行动，而公约仍未得到批准，那么您就需要发起一场运动，要求重新考虑这一决定。您能够辩论的最有可能的理由是，那些最相关的人——农业劳动者——通过他们的工会对此公约进行适当的讨论。

建议不采取行动的政府很可能也未与用人单位磋商。用人单位可能会对公约未获得批准而感到高兴，但他们可能会对未与他们磋商而感到不高兴。

工会能够做什么

- 联系主管部门（可能是劳动部，也可能是农业部），要求提供关于递呈程序的报告。可能需要给他们一份 ILO 备忘录的副本，以提醒他们这个过程。
- 联系友好的议会议员，并与他们讨论这个问题。
- 与其他工会（如果有）和非政府组织（NGOs）以及民间社会组织（Civil Society Organisations，CSOs）交谈，看看就此议题是否有合作的空间。
- 与用人单位的代表交谈，看看其组织是否对批准该公约有想法。即使他们的回答是否定的，那么至少您也在这方面已有准备。

工会需要与非政府组织 / 民间社会组织合作，进行游说和发起运动，以确保此新公约得到迅速批准和全面实施，包括提高各地农业社区对此新公约的意识。

迅速批准和全面执行此公约显然是理想的，但即使在国家批准缓慢或不批准的情况下，此公约及其建议书也能够作为标准，在此基础上能够制定渐进的国家农业安全和健康政策或规划。

批准的检查清单

√ 该公约及其建议书已经提交给“主管部门”（通常是议会）了吗？

√ 如果没有，请正式发起有关提交公约和建议书的运动。

√ 相关主管部门已经召集了三方会议来讨论此公约及其建议书的批准了吗?

如果没有，请提出这一要求。

√ 如果国家实行联邦制，地方议会已就本公约及其建议书的文本进行辩论了吗?

√ 如果这些文本已经提交给议会，但未作出批准的决定，请设法重新公开讨论这个议题。以呼吁举办 ILO 三方研讨会作为第一步。

批准之后——实施

国家批准该公约，对农业劳动者来说是一个巨大的胜利。但任务远没有结束。其政府现在必须确保立法或实践符合该公约并得到实施，因此，必须就修订国家卫生和安全法律或法典进行讨论。

批准意味着在您的国家安全和健康法律的基础上，在必要时，利用此公约条款以引入、扩大和 / 或加强这些法律。如果本国法律中的某一特定要素已经提供了相当于或高于此公约的标准，那么您的国家只需保持与该特定要素有关的现有标准即可。

关于此点，如下练习应该有所帮助，它将显示能够做出哪些改进，这些内容看起来又长又复杂，然而事实上，尽管可能需要一些时间，但它是简明的。把此工作分给几个小组。如果成功地组织了一次三方研讨会，那么这种练习也应该在三方研讨会上完成（见第 184 号公约的三方大会部分）。

比较此公约和您的国家法律

活动——比较此公约和您的国家法律

目标

以帮助我们比较第 184 号公约的标准和现行法律。

任务

1. 每个小组对该公约的每一个部分进行审慎审查。下面方框的第一栏重述了主要条款，但如果您愿意，能够参考该公约的实际条款。
2. 请在方框的第二栏中，将该公约的要求与国家的现行法律进行比较。
3. 引用与此相应的法律的确切章节或部分（如果存在），您的国家法律中可能没有相应的部分。
4. 请在方框的第三栏中，确定您的国家法律中需要修正的内容。

选举一位发言人来反馈报告。

该公约：逐条介绍

以下部分详细介绍了此公约，并酌情给出了 IUF 的评论 / 解释。如果该公约的某一条款得到其配套建议书的指导，则引用建议书中适当的段落或分段。

序言
国际劳工组织大会， 经国际劳工局理事会召集，于 2001 年 6 月 5 日在日内瓦举行其第 89 届会议，并 注意到有关的国际劳工公约与建议书所包含的原则，特别是 1958 年种植园公约与建议书、1964 年工伤津贴公约与建议书、1969 年（农业）劳动监察公约与建议书、1981 年职业安全和卫生公约与建议书、1985 年职业卫生设施公约与建议书以及 1990 年化学品公约与建议书所包含的原则，并 强调对农业部门需要采用协调一致的做法，并考虑到适用于该部门的国际劳工组织其他文书所包含的更广泛的原则，特别是 1948 年结社自由和保护组织权利公约、1949 年组织权利和集体谈判权利公约、1973 年最低年龄公约以及 1999 年最有害的童工形式公约所包含的原则，并 注意到《关于多国企业和社会政策原则的三方宣言》，以及有关的业务守则，特别是 1996 年《职业事故和职业病登记和报告业务守则》及 1998 年《林业工作中的安全与卫生业务守则》，并决定就农业中的安全与卫生问题——本届会议议程的第四个项目——通过若干建议，并确定这些建议须采用一项国际公约的形态； 于二千零一年六月二十一日通过以下公约，引用时可称之为 2001 年农业中的安全与卫生公约。

第一部分—范围

第 1 条：定义。农业是指……

该公约的规定	您国家法律的规定	您国家法律需要修改的地方
在农业企业中从事的农业和林业活动，包括由企业经营者或代表其进行的： • 农作物生产； • 林业活动； • 畜牧业与昆虫养殖； • 农产品和畜牧产品初加工； • 以及使用和维修机器、设备、用具、工具及农业装置，包括农业企业中的同农业生产直接有关的任何加工、储存、操作或运输。		

IUF 对第 1 条的评论

该条对农业进行了广义的定义。经过大量的辩论，“农业企业中的林业活动”这一术语取代了“农林业”这一术语。请注意，所使用的“企业”一词比“工作场所”一词具有更广泛的意义，一个企业可能有一个以上的工作场所；一个工作场所也可能是一块农田或一个更永久的设施，例如，一个包装棚或谷仓。

第 2 条：就本公约而言，“农业”一词不包括：

该公约的规定	您国家法律的规定	您国家法律需要修改的地方
（a）不涵盖自然农业；		
（b）不涵盖用农产品作为原材料的工业加工及有关的服务；		
（c）不涵盖森林的工业开发。		

IUF 对第 2 条的评论

绝大多数成员国家政府坚决反对将自给农作包括在内，因为他们认为，这将使此公约难以切实执法，而且成本过高。

第3条：（1）批准本公约的成员国主管当局，在同有关用人单位和劳动者的代表性组织磋商之后：

该公约的规定	您国家法律的规定	您国家法律需要修改的地方
（a）在会出现实质性特殊问题时，可以将某些农业企业或有限的劳动者类别排除在本公约或是其某些条款的实施范围之外；以及		
（b）如果有此种排除，须制定逐步覆盖所有企业和所有劳动者类别的计划。		

IUF对第3条的评论

第3（2）条规定："各成员国应在根据ILO宪章第22条呈递的关于公约适用情况的首次报告中，列出根据本条第1（a）款作出的排除情况，并说明排除的理由。在后续的报告中，工作组应说明为将本公约规定的适用范围渐进性扩大到关切的劳动者所采取的措施。"

该公约的设计容许最大限度的灵活性（如关于消除最恶劣形式的童工的第182号公约），这意味着政府能够将某些类型的劳动者和企业排除在公约之外，也能够根据第3.1（a）条排除公约的某些规定。如果这样做了，该政府必须向ILO提交一份计划，将被排除在外的劳动者和企业纳入本公约覆盖范围之内。当然，应鼓励各国政府将所有劳动者、所有企业和公约的所有部分纳入其中。

第3.1（b）条和第3.2条条款很重要，因为它们容许被排除在外的各类劳动者渐进性得到覆盖。

在用人单位和多国政府的坚持下，除第6.2条外，本公约中所有的提及类别至各类自营农民均移至不具约束力的建议书的第12段至第15段（见下文），这仍然意味着，像小佃户、佃户这样的自营农民类别受本公约保护，除非他们是自给自足的农民［公约第2（a）条所排除］或者被批准国根据公约第3（a）条所排除。

ILO《农业中的安全与卫生建议书》（第192号，2001年）

自营就业农民

第12段.（1）考虑到自营就业农民的代表性组织的意见，适宜时，成员国应制定计划，将公约提供的保护逐步扩展到自营就业农民。

（2）为此，国家法律和条例应具体规定自营就业农民在农业中安全与卫生方面的权利与义务。

（3）根据国情和惯例，在制定、执行和定期审查公约第4条提到的国家政策时，适宜时，应考虑自营就业农民的代表性组织的意见。

第13段.（1）根据国家法律和惯例，应由主管当局采取措施，保证自营就业农民享有公约提供的安全与卫生保护。

（2）这些措施应包括：

（a）规定要将适宜的职业卫生服务逐步扩展到自营就业农民；

（b）逐步制定程序，将自营就业农民包括进登记和报告职业事故与职业病中来；

（c）为自营就业农民制定准则、编写教育计划和教材，并提供适宜的咨询和培训，特别要包含以下内容：

（i）在同工作有关的危害方面他们的安全与卫生以及同他们在一起工作的人员的安全与卫生，包括出现肌肉－骨骼方面不适的危险，化学品和生物制剂的选择与使用，安全工作制度的设计，以及个人防护用品、机器、工具和用具的选择、使用和维修；

（ii）防止让儿童从事对身体有危害的活动。

第14段.凡经济、社会和行政管理条件不允许将自营就业农民及其家庭包括在国家的或自愿的保险方案之内时，成员国应采取逐步将其包括在内的措施，直至达到公约第21条规定的水准。应通过以下手段做到这一点：

（a）开发专门保险方案或基金，或是

（b）修改现有的社会保障方案。

第15段.为落实以上有关自营就业农民的措施，应考虑以下各种人员的特殊情况：

（a）小佃农和分成制佃农；

（b）小土地所有者－经营者；

（c）参加集体农业企业的人员，如农业合作社社员；

（d）视国家法律和惯例所界定的家庭成员；

（e）自给自足的农民；

（f）农业中其他自营就业劳动者，视国家法律和惯例而定。

第二部分—总则

第 4 条：连贯的国家政策

该公约的规定	您国家法律的规定	您国家法律需要修改的地方
成员国须根据国情和惯例，并在同有关用人单位和劳动者的代表性组织磋商之后，制定、执行和定期审查有关农业中安全与卫生的国家连贯政策。此项政策是要通过消除、最大限度地减少或控制农业工作环境中的危害，达到预防因工作过程而引起的、同工作过程有联系的或是在工作过程中发生的事故与健康伤害的目的。		
为此，国家法律和条例须： (a) 指定主管当局，负责实施该项政策和执行国家有关农业中职业安全与卫生的法律和条例；		

续表

该公约的规定	您国家法律的规定	您国家法律需要修改的地方
（b）具体规定用人单位和劳动者在农业中安全与卫生方面的权利和义务；		
（c）在农业部门的有关当局与机构之间建立部门间协调机制，并在考虑其互补性以及国家条件和惯例的情况下，确定其职能和责任。		
被指定的主管当局须根据国家法律和条例规定纠正措施和适当的惩罚，适宜时，可包括暂停或限制那些对劳动者的安全与卫生有紧迫危险的农业活动，直至导致此种暂停或限制的条件得到纠正。		

IUF 对第 4 条的评论

第 4 条代表了许多国家向前迈出了一步，因为它意味着必须制定关于农业安全和健康的国家战略和规划，并提供足够的资源。

根据第 4.1 条，政府必须制定关于农业安全和健康的国家政策，并根据第 4.2 条明确“主管部门”。第 4.1 条规定，“在与关切的用人单位和劳动者代表组织磋商后”，为劳动者及其工会提供就国家政策和相关标准的拟定、实施和监测发表意见的可能性。

第 4.2（c）条要求政府“在农业部门的有关部门和机构之间建立部门间协调机制，并确定其职能和责任……”能够在，例如，确保劳动部、农业部、卫生部等部门合作保护劳动者健康方面发挥重要作用。

第 5 条：监察系统

该公约的规定	您国家法律的规定	您国家法律需要修改的地方
成员国须保证设立有针对农业工作场所的充分而适宜的监察制度，并向其提供适当的手段。		
根据国家立法，主管当局作为辅助手段，可以将地区或地方一级的某些监察职能委托给适宜的政府部门、公共机构，或政府管理下的私营机构，或是可与这些部门或机构联合履行此类职能。		

IUF 对第 5 条的评论

重要的是，一个政府要建立一个独立的政府健康和安全监督员体系，这些监督员拥有充分的法律授权，有充足的资源帮助确保法规的有效执行。但在世界许多地方，情况并非如此，因此农业健康和安全法没有得到执行。

如果使用非政府机构进行执法，则该机构必须声誉良好，需要由政府与工会和用人单位组织合作，监测和评估其活动。

第三部分—预防和保护措施—普遍性

第 6 条：用人单位的一般性职责

该公约的规定	您国家法律的规定	您国家法律需要修改的地方
只要符合国家法律和条例，用人单位须有义务在同工作有关的各个方面保证劳动者的安全与卫生。		
国家法律和条例或是主管当局须规定，在一个农业工作场所中，凡有两个或更多个用人单位从事活动，或凡有一个或更多个用人单位和一个或更多个自营就业人员从事活动时，他们须合作执行安全与卫生要求。凡适宜时，主管当局须规定此种合作的一般程序。		

IUF 对第 6 条的评论

该条规定了用人单位对劳动者的一般性职责，是一个关键的文本。对于这一点在实践中意味着什么，更多细节载于后面的条款。

第 7 条：用人单位在风险评估、培训及停止危险作业方面的责任。

为遵守公约第 4 条提到的国家政策，国家法律和条例或是主管当局在考虑企业的规模及其活动性质的情况下须规定，用人单位须：

该公约的规定	您国家法律的规定	您国家法律需要修改的地方
（a）针对劳动者的安全与卫生进行适宜的危险评估，并根据这些评估结果采取预防与保护措施，以保证，在所有预期使用的条件下，在用人单位控制之下的所有农业活动、工作场所、机器、设备、化学制品、工具和生产过程是安全的，并符合规定的安全与卫生标准；		
（b）在考虑受教育水平和语言差别的情况下，保证就安全与卫生问题，向农业劳动者提供充分与适宜的培训和易于理解的说明，以及任何必要的指导或监督，包括提供关于同其工作有关的各种危害与危险的资料以及关于为保护他们而要采取的行动的说明；		

续表

该公约的规定	您国家法律的规定	您国家法律需要修改的地方
（c）在存在有对安全和卫生的即刻和严重威胁的情况下，采取停止任何作业的即时措施，并视情况撤离劳动者。		

IUF 对第 7 条的评论

第 7.1 条要求用人单位“针对劳动者的安全和健康开展适宜的风险评估”，然后“采取预防和保护措施”，这是确保更好地保护劳动者的一个重要步骤。

该建议书第 4 段（1）和（2）（见下文）对这一要求进行了补充，使政府在确保建立风险评估体系方面发挥作用，并提供了一个能够被补充的，关于用人单位的风险评估中可能涉及的主题的非详尽无遗清单。第 5 段（见下文）详细列出了应按其书面顺序遵循的消除 / 预防和控制措施的优先秩序。

ILO《农业中的安全与卫生建议书》（第 192 号，2001 年）

第 4 段 .（1）为落实公约第 7 条，主管当局应建立国家职业安全与卫生监督制度，此种制度应既包括对劳动者卫生的监督，也包括对工作环境的监督。

（2）此种制度应包括必要的危险评估，以及凡适宜时，特别应包括针对以下问题的预防和控制措施：

（a）有危害的化学品和废料；

（b）有毒、有传染性或可致敏生物制剂和废料；

（c）有刺激性或有毒雾气；

（d）有危害的粉尘；

（e）致癌物质或制剂；

（f）噪声和振动；

（g）极端温度；

（h）太阳紫外线辐射；

（i）可传染给人类的动物疾病；

（j）接触野生或有毒的动物；

（k）机器和包括个人防护用品在内的设备的使用；

（l）人工搬动或运输重物；

（m）紧张或持续的体力和脑力劳动、与工作有关的精神压力和不适当的工作姿势；以及

（n）新技术带来的各种危险。

第 5 段 . 为落实公约第 7 条，企业一级的一套安全与卫生措施应包括：

（a）职业安全与卫生服务设施；

（b）依照以下优先顺序的危险评估和管理措施：

（i）消除危险；

（ii）控制危险源；

（iii）通过以下手段，如设计安全工作制度、采用技术与组织措施和安全做法，以及开展培训，最大限度地降低危险；

（iv）在危险依然存在的情况下，提供和使用个人防护用品和服装——此种设备和服装对劳动者免费；

（c）处理事故和紧急情况的措施，包括急救以及前往医疗设施时可利用的适宜交通工具；

（d）登记和报告事故与疾病的程序；

（e）保护在农业工作场所现场的人员、附近的居民和总体环境的适宜措施，使其免受有关农业活动可能带来的危险，如因农业化学品的废料、牲畜粪便、土壤与水污染、土壤流失和地形变化而带来的危险的影响；

（f）保证使所使用的技术适应于气候、工作组织和工作惯例的措施。

第8条：劳动者的权利义务

该公约的规定	您国家法律的规定	您国家法律需要修改的地方
第8.1条．农业劳动者须有权： （a）被告知有关包括新技术的危险在内的安全与卫生事项并就这一事项与之磋商；		
（b）参与对安全与卫生措施的实施和审议，并根据国家法律和惯例选举安全与卫生代表和在安全与卫生委员会中的代表；		
（c）在他们有合理的理由相信存在对其安全与健康的即刻而严重的危险时，使自身脱离工作活动所带来的危险并将这一情况立即向上级报告。他们不得因这些行动而处于任何不利地位。		

续表

该公约的规定	您国家法律的规定	您国家法律需要修改的地方
农业劳动者及其代表有义务遵守所规定的安全与卫生措施并同用人单位合作，以使后者能遵守自己的义务和责任。		
须由国家法律和条例、主管当局、集体协议或其他适宜手段对行使以上第 1 款和第 2 款提到的权利与义务的程序加以规定。		
凡按第 3 款的规定实施本公约的条款时，须有与有关用人单位和劳动者的代表性组织的事先磋商。		

IUF 对第 8 条的评论

这是涉及农业劳动者的权利和责任的最重要的条款。

第 8.1（b）条规定了劳动者有选择安全代表和安全委员会代表的权利。HSE 劳动者代表和劳动者安全委员会成员是工会组织在工作中健康和安全方面的骨干力量。他们是工会和劳动者在工作场所健康和安全议题上的眼睛和耳朵，在减少工作场所的死亡、伤亡事故和健康损害方面发挥着至关重要的作用，其中许多人还负责处理工作场所的环境议题，这些代表和委员会帮助保护劳动者和公众健康以及总体环境。

但在实践中，很少有国家在农业领域有合法的 HSE 劳动者代表和安全委员会。因此，IUF 希望各国政府在农业领域建立并资助巡查安全代表计划（详见本书附录）。尽管 IUF 未成功地在本 ILO 公约中争取到对巡查安全代表的保障要求，但 IUF 正在继续推动这种计划的引入，以作为其批准和执行该公约运动的一部分。

第 8.1（b）条中提到的安全和健康委员会是工会 – 用人单位 / 管理层联合委员会。重要的一点是，该条规定了劳动者有权选择自己的代表参加这些委员会，而不是由用人单位 / 管理层提名的“劳动者代表”，但不幸的是，实际情况往往如此。

第 8.1（c）条现在规定，劳动者有权在有合理理由相信存在对其安全与健康的即刻而严重的风险时，使自身脱离其工作活动所带来的危险。这是一项重要的新权利，与已经给予其他弱势劳动者群体的保护相一致。

除了合法的权利外，劳动者还负有第 8.2 条规定的法定职责。

第三部分—预防和保护措施—机械安全和工效学

第 9 条

该公约的规定	您国家法律的规定	您国家法律需要修改的地方
国家法律和条例或主管当局须规定，农业中使用的机器、包括个人防护用品在内的设备、用具和手工工具要符合国家的或其他公认的安全与卫生标准，并恰当地予以安装、维修和防护。		
主管当局须采取措施，保证制造商、进口商和供应商遵守第 1 款提到的标准，并以使用国的一种或多种官方语言，向用户，以及经要求，向主管当局提供充分而适宜的资料，包括危害警告标志。		
用人单位须保证劳动者能收到并能看懂制造商、进口商和供应商提供的安全与卫生资料。		

IUF 对第 9 条的评论

第 9.2 条对制造商、进口商和供应商规定了法定责任，通过确保供应机械和设备（包括个人防护设备）时，一并提供充分、适当和易于理解的信息，使用人单位和劳动者都受益。

第 10 条：国家法律和条例须规定，农业机器与设备：

该公约的规定	您国家法律的规定	您国家法律需要修改的地方
（a）除非根据国家法律和惯例超出原设计目的之外的使用被评定为是安全的，否则，必须只能用于为其所设计的工作，并特别是不得用于人员运输，但为了载人而设计的或经如此改装过的农业机器与设备除外；		
（b）必须根据国家法律和惯例，由受过培训和称职的人员操作。		

第三部分—预防和保护措施—材料的处理和运输

第 11 条

该公约的规定	您国家法律的规定	您国家法律需要修改的地方
在同有关用人单位和劳动者的代表性组织磋商之后，主管当局须制定关于对材料搬运和运输，特别是对人工搬运的安全与卫生要求。根据国家法律和惯例，此类要求须在考虑在其中从事工作的所有有关条件的情况下，以危险评估、技术标准和医生意见为依据。		
不得要求或允许劳动者手工搬运或运输因其重量或性质而可能危害劳动者的安全或健康的一个重物。		

第三部分—预防和保护措施—化学物质无害化管理

第 12 条：主管当局须根据国家法律和惯例采取措施，以保证：

该公约的规定	您国家法律的规定	您国家法律需要修改的地方
（a）有一个适宜的国家制度或主管当局批准的任何其他制度，对农业中使用的化学品的进口、分类、包装和加贴标签以及对于对其加以禁止或限制制定具体标准；		
（b）那些生产、进口、提供、出售、转让、储存或处理农业中使用的化学品的人员遵守国家的或其他公认的安全与卫生标准，并以该国特定的一种或多种官方语言，向用户，以及经要求，向主管当局提供充分而适宜的资料；		
（c）有一项关于安全收集、回收利用和处理化学废料、过期化学品及化学品空容器的适宜的制度，以避免将其用于其他目的，以及消除或最大限度地降低其对安全与卫生及环境的危险。		

IUF 对第 12 条的评论

第 12 条是许多国家在改进国家层面化学物质管理方面向前迈出的一步。第 12 （a）条规定了化学物质出售前应采取的措施。重要的是，第 12（b）条规定了化学物质生产商、进口商、供应商、销售商以及转移、储存或处置化学物质的人有责任遵守公认的安全和健康标准。第 12（c）条提到在处置空容器和废物方面需要保护总体环境。

第 13 条

该公约的规定	您国家法律的规定	您国家法律需要修改的地方
1. 国家法律和条例或主管当局须保证，企业一级对使用化学品和处理化学废料要有预防与保护措施。		
2. 这些措施须特别涉及： （a）化学品的配置、搬运、施用、储存和运输；		
（b）会造成化学品分散的农业活动；		

续表

该公约的规定	您国家法律的规定	您国家法律需要修改的地方
（c）化学品所使用的设备与容器的保养、修理和清洗；		
（d）空容器的处置以及化学废料和过期化学品的处理与处置。		

IUF 对第 13 条的评论

作为对第 12 条的补充，本条规定政府有义务确保在企业层面建立化学物质的无害化管理措施。

本建议书第 7 段（见下文）对第 12 条和第 13 条进行了补充，在第 7 段（1）中明确提到需要咨询 ILO《关于工作中安全使用化学物质的公约》（第 170 号），该公约是处理化学物质管理各个方面的 ILO 主要工具。

ILO《农业中的安全与卫生建议书》（第192号，2001年）

第7段.（1）应根据1990年化学品公约与建议书的原则及其他有关国际技术标准，采取为农业中化学品的健全管理所规定的措施。

（2）特别是，在企业一级要采取的预防和保护措施应包括：

（a）为使用化学品的人员和为维修及清洗个人防护用品与化学品施用设备而提供适当的个人防护用品与服装，以及洗涤设施，劳动者无须为这些付费；

（b）对被施用化学品的地区在喷洒过程中与喷洒后的预防措施，包括防止食品和饮用水以及洗涤和灌溉用水水源污染的措施；

（c）根据国家法律和惯例，以消除或最大限度地减少对安全与卫生和对环境危害的方式，搬运和处理不再需要的有危害化学品和已用完但可能残留有此种化学品的容器；

（d）保持农药的施用登记；

（e）持续基础上的农业劳动者培训，视情况，此种培训要包括关于做法和程序或有关各种危害的培训，以及关于与化学制品在工作中的使用有关须遵循的预防措施的培训。

第三部分—预防与保护措施—动物处理和保护免受生物风险

第 14 条

该公约的规定	您国家法律的规定	您国家法律需要修改的地方
国家法律和条例须保证，当处理生物制剂时，要防止诸如感染、过敏或中毒一类的危险或将这些危险维持在最低限度，而涉及动物、牲畜的活动以及畜舍范围内的活动，必须遵守国家的或其他公认的安全与卫生标准。		

IUF 对第 14 条的评论

政府大力支持加强保护免受生物风险的要求，本条款应运而生。

生物制剂指的是，例如，从牲畜身上感染的疾病，如布鲁菌病，或与有机粉尘的直接接触。例如，本条款也能用于预防劳动者接触感染了“疯牛病”的牛。

本建议书第 8 段对第 14 条要求的内容提供了更多的细节（见下文）。

ILO《农业中的安全与卫生建议书》（第 192 号，2001 年）

第 8 段．为落实公约第 14 条，有关处理会引起感染、过敏或中毒危险的生物制剂和有关接触牲畜的措施应包括：

（a）根据第 5 款采取的危险评估措施，以消除、防止或减少生物危险；

（b）根据兽医标准和国家法律及惯例，就可传染人类的疾病对牲畜进行管理和检查；

（c）对处理牲畜的保护措施，适宜时，提供适当的防护设备和服装；

（d）对处理生物制剂的保护措施，假如必要，提供适当的防护设备和服装；

（e）凡适宜时，对接触牲畜的劳动者进行免疫；

（f）提供消毒剂和洗涤设备，以及保养和清洗个人防护用品与服装；

（g）如果接触有毒牲畜、昆虫或植物，提供急救、解毒剂或其他应急程序；

（h）搬运、收集、储存和处理肥料和废物的安全措施；

（i）处理和毁掉受传染牲畜尸体的安全措施，包括对受污染场所进行清洗和消毒；

（j）包括警告标志在内的安全问题资料以及为接触牲畜的劳动者提供培训。

第三部分—预防和保护措施—农业设施

第 15 条

该公约的规定	您国家法律的规定	您国家法律需要修改的地方
农业设施的建造、维护和修理，须符合国家的法律、条例和安全与卫生要求。		

ILO《农业中的安全与卫生建议书》（第 192 号，2001 年）

第 9 段 . 为落实公约第 15 条，有关农业设施的安全与卫生要求，应具体说明建筑物、设施、护栏、围墙和狭窄空间的技术标准。

第四部分—其他条款—青年劳动者与有害的工作

第 16 条

该公约的规定	您国家法律的规定	您国家法律需要修改的地方
分配从事因工作性质或从事工作的环境而可能损害青年人安全与卫生的农业工作，最低年龄不得低于 18 岁。		
在同有关用人单位和劳动者的代表性组织磋商之后，须由国家法律和条例或是由主管当局确定适用第 1 款的就业或工作类型。		

续表

该公约的规定	您国家法律的规定	您国家法律需要修改的地方
尽管有第 1 款的规定，国家法律或条例或是主管当局在同有关用人单位和劳动者的代表性组织磋商之后，可允许从 16 岁开始从事该款提及的工作，条件是提供适宜的先期培训，以及青年劳动者的安全与卫生得到充分的保护。		

IUF 对第 16 条的评论

该条款是在保护青年劳动者方面迈出的重要一步，它将要求许多国家修改国家法律，因为目前一些国家容许 11 ~ 13 岁的儿童从事所有类型的农业工作。第 16 条规定从事此类工作的最低年龄为 18 岁。然而，国家当局或可容许最小年龄为 16 岁的人从事有害工作，“条件是提供适宜的先期培训，以及青年劳动者的安全与健康得到完全的保护”。

本建议书第 4.3 段还陈述，“应酌情对年轻劳动者、孕妇和哺乳期妇女以及老年劳动者采取健康监测（护）措施”。

第四部分—其他条款—临时性和季节性劳动者

第 17 条

该公约的规定	您国家法律的规定	您国家法律需要修改的地方
须采取措施，以保证临时工和季节劳动者享有相同于为农业中类似的固定劳动者所提供的安全与卫生保护。		

IUF 对第 17 条的评论

这是一个非常重要的突破，因为从事农业的长期合同劳动者越来越少，而非长期合同劳动者越来越多。至关重要的是，临时性和季节性劳动者应享有与长期合同劳动者相同的安全和健康标准。

第四部分—其他条款—女性劳动者

第 18 条

该公约的规定	您国家法律的规定	您国家法律需要修改的地方
须采取措施，以保证考虑到农业女工的关于妊娠、母乳喂养和生殖卫生的特殊需要。		

IUF 对第 18 条的评论

这一重要的新标准旨在确保女性劳动者的特殊需求得到充分满足。本建议书中第 11 段更详细地说明了所要求的内容（见下文），包括需要对孕妇和妇女的生殖健康风险进行评估。本建议书中第 4.3 段还陈述，“应为青年劳动者、孕妇和哺乳妇女及老年劳动者采取卫生监督措施”。

ILO《农业中的安全与卫生建议书》（第 192 号，2001 年）

第 11 段．为落实公约第 18 条，应采取措施，以保证对与妊娠或哺乳妇女的安全与卫生和妇女的生殖卫生有关的任何工作场所危害进行评估。

第 4.3 段．凡适宜时，应为青年劳动者、孕妇和哺乳妇女及老年劳动者采取卫生监督措施。

第四部分—其他条款—福利设施和住宿设施

第 19 条：国家法律和条例或是主管当局在同有关用人单位和劳动者的代表性组织磋商之后，须规定：

该公约的规定	您国家法律的规定	您国家法律需要修改的地方
（a）免费向劳动者提供适当的福利设施；		
（b）因工作性质需要临时或长期在企业中居住劳动者的最低限度膳宿标准。		

IUF 对第 19 条的评论

第 19.1（a）条中规定的提供适当的福利设施，目前有一个重要限定标准，即“不对劳动者收费”。本建议书第 10 段更详细地规定了所要求的条件（见下文）。

ILO《农业中的安全与卫生建议书》（第 192 号，2001 年）

第 10 段．为落实公约第 19 条，视情况和根据国家法律和惯例，用人单位应向农业劳动者提供：

（a）充分供应的安全饮用水；

（b）存放和洗涤防护服的设施；

（c）用餐设施，并在切实可行时在工作场所内提供哺乳设施；

（d）男女劳动者分开的或是分开使用的卫生与盥洗设备；以及

（e）与工作有关的交通工具。

第四部分—其他条款—工时安排

第 20 条

该公约的规定	您国家法律的规定	您国家法律需要修改的地方
农业劳动者的工时、夜间工作和休息时间须符合国家法律和条例或符合集体协议。		

IUF 对第 20 条的评论

这是另一个重要的突破。这是 ILO 公约中首次将工作时数、休息期、夜班作业和其岗位中的健康和安全联系起来，反映了对过去经常被忽视的议题的新的现代的思考和研究。

第四部分—其他条款—对工伤和职业病的覆盖问题

第 21 条

该公约的规定	您国家法律的规定	您国家法律需要修改的地方
根据国家法律和惯例，农业劳动者须由保险方案或社会保障方案对严重和非严重工伤与职业病以及丧失工作能力和其他与工作有关的健康风险给予覆盖，所提供的保护起码相当于其他部门中劳动者享受的保护。		
此类方案可作为国家方案的组成部分，或是采用任何其他符合国家法律和惯例的适宜方式。		

IUF 对第 21 条的评论

这是另一个重大突破，因为目前许多农业劳动者未被这种形式的社会保护所覆盖。在许多国家，农业劳动者被排除在工伤津贴或保险规划之外，这可能是因为：

- 未为他们提供这种保险规划；
- 或者，农业劳动者被直接或间接地排除在一般规划之外。

实施——将向 ILO 报告和合规性纳入其中

导读

此公约一经批准，就必须成为贯彻的国家法律、实施措施和项目。工会在促进有效贯彻和监督政府和用人单位履行规定的义务和责任方面发挥着关键作用。为了确保有效的贯彻和合规，能够再次运用 ILO 的过程和程序。

此报告过程——运用 ILO 的标准改进安全和健康标准

监察和投诉

一旦一个成员国批准了一项公约，该公约就对该国具有法定的约束力，必须将其贯彻落实。ILO 宪章中规定了一个程序，用于监察和监测各国在批准公约后的行动。

在监察一个国家如何适用公约方面，ILO 主要依靠两种程序。

1. 以报告的形式定期监察，并由专家委员会对这些报告进行审查。

2. 审查以下具体指控：

a. 陈述或展示；

b. 以及投诉。

报告

在这种情况下，各国政府必须根据 ILO 理事会编制的清单，向 ILO 提交关于每项已批准的公约报告，法定内容包括：

- 为实现公约的目标所做出的安排；
- 如何克服阻碍公约充分应用的障碍；
- 如何在实践中应用公约。

工会有权收到这些报告的副本，并对其提出评论。

在 ILO 层面，这些报告由公约和建议书应用专家委员会审查。该委员会并不局限于审查政府所提供的信息。关于一个国家法规的信息也能够在官方公报和印有法律法规的类似出版物中查到。其他资源还包括工会能够直接提交给 ILO 的观察。工会的这些观察非常重要，因为它们让劳动者在任何时候都能充分平等参与到 ILO 的监察体系中。工会的这些评论也很重要，因为它们对某一国家关于此方面的国情提出了补充意见，并有助于提供真实情境的全貌。

如果委员会发现某个国家政府没有完全执行已批准的公约，能够通过以下任一方式表达：

- “直接要求”——通常是在小失效的情况下提出的；
- “观察结果”——通常用于更严重或长期的违法行为。

然后，专家委员会每年发表一份题为“公约和建议书应用情况专家委员会报告”的报告，在国际劳工大会期间由公约和建议书应用情况三方委员会审议。有关个案的许多问题能够在此论坛上得到解决，正是在这个论坛，工会代表能够发挥其可能的主要作用。

该报告程序的另一个阶段是对理事会决定的一个特别专题进行全面调查，并描述所有国家的现状，无论这些国家是否已批准所关切的公约。这项调查是以 ILO 宪章第 19 条（5）（c）和（6）（d）为依据，从成员国收集到的资料进行的。

陈述或展示

任何工会—国家或国际工会—都能够向 ILO 提出陈述或展示，指出某一成员国已违反了某项已批准的公约。如果此陈述或展示是由以下人员提出的，就能够被 ILO 理事会受理：

- 直接与该事项有关的国家工会；
- 与 ILO 具有磋商地位的国际劳动者组织；
- 或国际联合会，如果所指控的内容涉及直接影响其附属机构的事项。

所提交的材料必须是书面形式，要有签名，尽可能用书面文件，并附带支持这些指控的证据。

此陈述或展示由三名 ILO 理事会成员组成的委员会进行审查，三方小组各出一人。ILO 理事会将此陈述或展示提交给所关切的政府。如果 ILO 理事会对所关切政府的答复不满意，或者未得到答复，那么 ILO 理事会将公布该陈述或展示以及此政府的答复（如果有的话）和 ILO 理事会关于其进一步采取行动的结论。

投诉

如果一个成员国不满意另一个成员国对它们都已批准的公约的遵守情况，前者能够向ILO对后者提出投诉，这种投诉是较正式的程序。投诉也能够来自ILO理事会本身，或来自国际劳工大会的代表。

收到投诉后，ILO理事会或可任命一个调查委员会来审查该案件。该委员会可要求所关切的各方提供陈述和文件，听取证人的证词，并要求成员国提供相关信息。

在对该投诉进行充分审议后，该调查委员会编写一份关于其调查结果和建议的报告，并向ILO理事会和与投诉有关的政府通报。该报告也会被公布。容许所关切的政府有三个月的时间来表明它们是否接受该调查委员会的建议。

如果一国政府不接受这些建议，可在三个月内将该投诉提交至国际法庭，该法院对该问题的裁决具有法定约束力。目前还没有国家认为必须走到这最后一步。

各国政府不喜欢有关投诉所涉及的公开曝光过程，并对此特别重视。

技术合作：能否对实施和合规性有帮助

政府不批准此公约的论据可能是“这太难了”，因为这需要监察人员或部门工作人员花费太多时间来起草该立法、进行所有必要的培训、购买设备。

这可能是政府方面的真正关切。对此的解决方案是，该程序确实给了政府一些时间来遵守。该公约在两个成员国批准后一年才生效，因此，这为修改法律的过程留出了时间；另外，工会能够帮助起草法律修改草案。

为了同时帮助批准和贯彻落实，ILO将考虑向成员国提供帮助，协助它们达到本公约规定的标准。这在ILO以及整个联合国系统被称为技术合作。技术合作能够采取几种形式，例如：

- 短期（例如几个月）派遣一名经验丰富的监督员或ILO顾问，帮助起草国家法律或法规；
- 一个更长期的合作项目，帮助提供培训或设备；
- 为举办关于本公约/新的国家法律的研讨会提供资金；

- 为您的国家派团队到其他国家研究该公约 / 法律在该国的生效及应用情况提供经济援助。

为了获得 ILO 的支持，有需求的政府必须向 ILO 提出申请。如果可能促成批准，ILO 会对提供技术合作感兴趣。在这样的程序中存在危险，该政府可能在无工会参与的情况下起草并执行该应用方案。这种情况不应该发生，但时有发生。

检查表

√ 三方委员会应起草并批准提交给 ILO 的项目提案。

√ 达成协议，只有在工会已批准后才会提交该提案。

√ 向日内瓦的 IUF 发送此提案副本以征求意见。

√ 请离申请国最近的 ILO 劳动者活动专家审阅此提案草案（这些专家在 ILO 涵盖各分区域的多学科团队中）。如果您不能从您的 ILO 地区办事处获得专家清单，可从 IUF 获得。

√ 确保该项目有一个合适的三方委员会来管理它，该委员会必须定期开会。任命工会的人参加此委员会，他们将参加此委员会活动过程并在其中发挥积极作用。他们必须是为工会而奋斗的人。

√ 该项目应包括对 HSE 劳动者代表的培训内容。要求有一个明确的协议，由工会专家来开展这项工作，并且必须得到工会批准（否则会发生的情况是，一个非工会教育者将被任命来培训 HSE 劳动者代表）。

√ 该项目应以批准本公约为明确目标，或者退而求其次，修改国家法律以符合此公约。

√ 该项目不应涉及派遣大量的部门官员或农业监察部门的高级成员到国外。

不应访问尚未批准本公约的国家，同样，您能够向 IUF 查询哪些国家可能适合进行学习访问。

活动—规划技术合作项目

目标

帮助我们设计一个符合第 184 号公约标准的项目。

任务

在您的小组中，决定在您的国家开展一个帮助农业产业符合第 184 号公约的项目的主要内容。

思考以下问题：

1. 协助起草新法律；
2. 对监督员、用人单位的安全官员、HSE 劳动者代表进行培训；
3. 用于测试的设备，现有哪些，还需要哪些？
4. 建立机构和能力建设。例如，农业研究。

选举一位发言人来反馈报告。

三方机制和第 184 号公约

组织 ILO 的三方研讨会

一个与本公约有关的三方研讨会可能是对您运动有用的一部分，来自政府、用人单位和工会的同等数量的代表应该参加这个研讨会。

如果 ILO 还未组织这样的研讨会，您能够启动此项工作，并主动组织此研讨会，尽管 ILO 必须提供资金，并且通常会负责发送邀请函。您应该尝试让 ILO 同意由 IUF 的一名有胜任力的专家来举办此研讨会。ILO 的声望将有助于确保政府和用人单位作出回应。

下面提供了一封给 ILO 局长的信函样例，用于您的国家要求举办这样的研讨会之时（并非每个国家都有 ILO 办事处，如果您不确定您国家的 ILO 办事处在哪里，请联系 IUF 总部或您所在地区的 IUF 协调人）。

三方研讨会信函样例

xxxxx,

局长，

ILOzzz 地区办事处

亲爱的 XXXX，

我们的国家有一个庞大的农业产业，我们的工会代表了 x 千名农业劳动者。我们认为，批准 ILO《关于农业中的安全与卫生的公约》（第 184 号，2001 年）是一个高度优先事项。

迄今为止，还未在三方基础上对新标准进行详细讨论（您能提到您的政府已采取了什么行动，如果有的话）。我们认为，如果有一个三方研讨会来做以下工作，将会很有帮助：

- 通过参与者，告知所有社会伙伴第 184 号公约和第 192 号建议书的规定；
- 确定为符合此公约，需要修改的国家法规领域；
- 讨论批准的可能性；
- 确定在批准后可能需要哪些技术合作来帮助遵守此公约。

我们的工会是国际食品、农业、酒店、餐厅、餐饮、烟草和劳动者联盟协会（IUF）的一部分，该联盟是在 ILO 具有磋商地位的全球工会联合会之一。IUF 深度参与了致使通过该公约的相关讨论。IUF 已为我们建议的三方研讨会起草了一个示范项目，现附在后面（您应附上 IUF 准备的示范项目）。我们建议由 IUF 顾问举办研讨会。

我们的工会很乐意为研讨会作出实际安排，并要求劳工组织从 RBTC 中支付研讨会的费用，我们对该预算的估算将是：

（您应该在这里给出您的估算。它应该包括所有参会者的食宿费用、大厅租金、复印费以及其他所有适当的费用。您需要考虑政府和用人单位代表是否应该支付其自己的交通费用。工会代表的交通费用应该包含在内。请谨记，如果涉及一个以上的工会，ILO 希望他们也能参加。您可能还需要涵盖 IUF 官员或举办此研讨会的顾问的差旅费和其他费用。）

我们不奢求此研讨会的举办会就批准此公约作出决定，这当然是主管部门的责任。研讨会的目的是让所有关切者有机会讨论此议题。

期待您的回复。

谨上

秘书长 / 主席

关于 ILO《农业中的安全与卫生公约》（第 184 号，2001 年）的三方研讨会项目草案

第 1 天

- 介绍参与者；
- 本公约的内容；概述
- 公约批准过程（ILO 关于国际劳工标准的发言人）；
- 初始看法：来自以下方的贡献，每方不超过 15 分钟：

— 政府；

— 用人单位；

— 劳动者。

第 2 天

- 关于本公约不同领域的工作小组，例如

— 政府的义务；

— 用人单位的责任；

— 劳动者的权利。

注意：劳动者、用人单位和政府将混合参加此工作小组，并被要求确认现有法律在多大程度上与本公约中的标准相匹配，以及哪里存在差距。

- 工作小组的报告。

第 3 天

- 兼并报告。遵守本公约标准的操作性如何?
- 工作小组：三方伙伴各自需要哪些技术援助以促进遵守本公约的标准?
- 形成工作小组的报告；
- 未来规划；
- 对本研讨会的评估。

未来的计划

您现在应该准备好开始规划批准运动了。

活动—规划您的运动：接下来的步骤

目标

帮助我们规划一项批准运动。

任务

在您的小组中，起草一份关于工会能够如何开展批准运动的报告。

此报告应该涵盖以下几个阶段：

1. 现状：其政府已根据 ILO 宪章的规定采取了任何措施吗？您国家的 ILO 代表处已采取了任何行动吗？

2. 您的工会现在应该采取什么行动？可能加入此批准要求的盟友有哪些？

3. 本国的其他农业工会或非政府组织的情况如何？在这个问题上有任何合作吗？如果没有，有可能合作吗？一个联合的运动将更加有效。

4. 如果 ILO 还未组织任何行动，您能够与他们联系、要求举办关于此公约的三方研讨会吗？

选举一位发言人来反馈报告。

更多信息

ILO 的报告

构成公约和建议书基础的 ILO 报告，包括对各国政府的调查问卷和对其答复的分析：

报告Ⅵ（1）：农业中的安全与卫生（1999 年）。

报告Ⅵ（2）：农业中的安全与卫生（2000 年）。

报告Ⅳ（2A）：农业中的安全与卫生（2001 年）。

ILO 书籍

劳工组织劳工教育 2000/1-2，第 118/119 号：《议程上的首要问题——农业中的卫生和安全》（Top on the agenda-health and safety in agriculture），为本公约专门制作，其中包括 IUF 的文章。

关于国际劳工标准的更多详细信息，请阅读《国际劳工标准——劳动者教育手册》（International Labour Standards-a workers’ education manual，日内瓦，1990 年）。ILO 的劳动者教育部门也制作了关于这一主题的材料，简称为ILO标准，其中有两个部分特别有用：

- 工会平等参与塑造和通过国际劳工标准；
- 工会平等参与实施国际劳工标准。

与农业劳动者有关的 ILO 标准

主要的标准有：

《工作中的基本原则和权利宣言中涵盖的国际劳工标准》（由国际劳工大会第 86 届会议通过，日内瓦，1998 年）：

- 《结社自由和保护组织权利公约》（第 87 号，1948 年）。
- 《组织权利和集体谈判权利原则的实施公约》（第 98 号，1949 年）。
- 《强迫或强制劳动公约》（第 29 号，1930 年）。
- 《废除强迫劳动公约》（第 105 号，1957 年）。
- 《对男女工人同等价值的工作赋予同等报酬公约》（第 100 号，1951 年）。
- 《就业和职业歧视》（第 111 号，1958 年）。
- 《准予就业最低年龄公约》（第 138 号，1973 年）。

健康和安全公约：

- 《农业中的安全与卫生公约》（第 184 号，2001 年）。
- 《职业安全和卫生及工作环境公约》（第 155 号，1981 年）。
- 《职业卫生设施公约》（第 161 号，1985 年）。
- 《工作场所化学物质使用安全公约》（第 170 号，1990 年）及其第 177 号建议书。

- 《农业劳动监察公约》（第 129 号，1969 年）及其第 133 号建议书。

针对农业的公约：

结社自由

- 《（农业）结社权》（第 11 号，1921 年）。
- 《农村劳动者组织》（第 141 号，1975 年）。

工作条件

- 《修理（农业）机械最低工资》（第 99 号，1951 年）。
- 《（农业）带薪休假》（第 101 号，1952 年）。

社会保障

- 《（农业）劳动者赔偿》（第 12 号，1921 年）。
- 《（农业）疾病保险》（第 25 号，1927 年）。
- 《（农业）老年保险》（第 36 号，1933 年）。
- 《（农业）病残保险》（第 38 号，1933 年）。
- 《（农业）遗属保险》（第 40 号，1933 年）。

童工

- 《（农业）最低年龄》（第 10 号，1921 年）。

种植园

- 《种植园工人就业条件公约》（第 110 号，1958 年）。

操作规程

虽然它们不是国际劳工标准，但了解操作规程是很有帮助的。ILO 理事会能够决定成立一个专家团队来制定某些领域的操作规程。ILO 理事会批准操作规程，因此这类文本具有很大的分量，但它们没有法律约束力。操作规程在职业安全和健康领域为政府、用人单位和劳动者提供指导，它们经常包含与公约相同的主题。

IUF 简报

农业领域的巡查安全代表

HSE 劳动者代表（简称安全代表）是工会组织中在工作场所和企业健康与安全方面的骨干。但由于农业的特殊性，可能需要采取特殊措施来确保工作场所和企业中建立有效的安全代表制度。

为确保劳动者在该领域的权利得到有效落实，IUF 正在推动建立巡查安全代表规划（请注意，该公约中没有关于巡查安全代表的文本，因此需要使用下面的简报来满足您的要求）。

巡查安全代表为何重要?

许多地理上分散的农业企业通常只雇佣少量劳动者，为此很难安排正常的健康和安全代表。因此，有必要引入一项依赖外部劳动者代表的规划，他们将走访特定地区的农业企业。

巡查安全代表是什么?

她 / 他是能够进入和走访农业工作场所，以代表劳动者的健康和安全利益 / 关切的劳动者代表。

他们与其所走访的工作场所是什么关系?

他们是从工作场所外部任命的。例如，在瑞典，他们可以是在大企业中工作的安全代表，同时承担邻近的更小企业的责任；或者，他们可能会全职为工会工作。在瑞典，他们被称为区域代表。

谁选择他们?

他们由工会任命。

他们做什么？

他们的总体目标是激励和支持当地的健康和安全活动，旨在减少农业中的有害因素、伤亡事故、健康损害和死亡。通常，巡查安全代表和普通安全代表都将：

- 通过改进磋商程序并促进劳动者平等参与，代表劳动者的利益；
- 监督 / 检查工作场所并识别有害因素；
- 努力改进职业健康与安全管理。

他们有合法权利吗？

取决于成员国是否已经引入了其合法权利，例如，瑞典的巡查安全代表就有。

巡查安全代表制度存在吗？

是的，有关巡查（区域性）安全代表的法定条文存在于：瑞典的所有行业；挪威的建筑业；意大利的某些部门。

英国和西班牙正在实施巡查安全代表制度的实验性体系。

巡查安全代表会走访哪些农业工作场所？

劳动者数量较少的农业工作场所。

巡查安全代表制度如何运作？

经验表明，他们以非正式和合作性的方式工作，并与劳动者和用人单位保持着良好的关系。他们鼓励劳动者平等参与健康和安全，并协助改进健康和安全管理。

这有什么益处？

对政府来说：研究表明，所有类型的安全代表都可以挽救生命。他们是中间人，以具有成本效益的方式补充和支持地方层面的劳动监察员的工作。

对用人单位来说：证据表明，巡查安全代表通过劳动者平等参与来激励和改进职业健康和安全管理，这反过来又会导致企业绩效管理的全面质量改进，这不仅在单个小企业中，而且在与它们有经济关系的其他组织中都是如此。

对劳动者来说：劳动者将直接受益于健康、安全和福利条件的改善，这将鼓励他们平等参与其工作场所的健康和安全工作，并将得到经验丰富的劳动者代表的健康和安全支持。

设立巡查安全代表将有何成本？

任何巡查安全代表规划都需要资源。然而，来自其他国家的证据表明，此规划并不需要高昂的成本来改善工作场所健康和安全。事实上，减少伤亡事故和健康损害的益处将超过这种规划的成本。